"十二五"职业教育国家规划教材

职业教育·土木建筑大类专业教材

经全国职业教育教材审定委员会审定

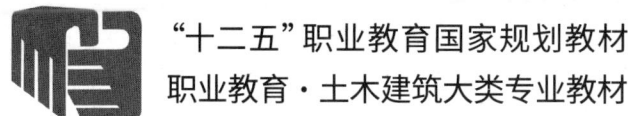

工程测量

Engineering Survey

第 3 版

陈兰云　陈德标　徐亮亮 ▲ 主　编

周群美 ▲ 副主编

程世韬 ▲ 主　审

U0376023

人民交通出版社股份有限公司

北　京

内 容 提 要

本教材第 2 版入选"十二五"职业教育国家规划教材。本教材立足于职业教育教学需求,突出测量岗位能力要求,按项目引领、任务驱动形式来进行编写,具有较强的针对性和实用性,注重对学生测、算、绘等基本技能的训练。全书共分为 8 个学习项目,分别为测量基础知识、高程控制测量、平面控制测量、数字化测图、建筑物定位与放线、线路测量、民用建筑施工测量和建筑物的变形监测。随书附送的《工程测量实训手册》中,精选了 10 个典型工作任务,方便教师组织学生开展实训任务以及学生数据记录、计算和实训后的效果评价。本版教材各项目中还增加了同步训练、即问即答和微课视频等数字资源,读者可通过扫描相应二维码免费查看和学习。

本书可作为高职高专院校建筑工程技术、市政工程技术等专业的教材,也可供工程建设施工技术人员参考。

本教材有配套教学课件,教师可通过加入职教路桥教学研讨群(教师专用 QQ:561416324)获取。

图书在版编目(CIP)数据

工程测量 / 陈兰云等主编. — 3 版. — 北京 : 人民交通出版社股份有限公司, 2024.1

ISBN 978-7-114-19133-6

Ⅰ.①工… Ⅱ.①陈… Ⅲ.①建筑测量—高等职业教育—教材 Ⅳ.①TU198

中国国家版本馆 CIP 数据核字(2023)第 220500 号

"十二五"职业教育国家规划教材
职业教育·土木建筑大类专业教材

书　　名：	工程测量(第 3 版)
著 作 者：	陈兰云　陈德标　徐亮亮
责任编辑：	任雪莲　陈虹宇
责任校对：	赵媛媛　龙　雪
责任印制：	刘高彤
出版发行：	人民交通出版社股份有限公司
地　　址：	(100011)北京市朝阳区安定门外外馆斜街 3 号
网　　址：	http://www.ccpcl.com.cn
销售电话：	(010)59757973
总 经 销：	人民交通出版社股份有限公司发行部
经　　销：	各地新华书店
印　　刷：	北京市密东印刷有限公司
开　　本：	787×1092　1/16
印　　张：	15.75
字　　数：	377 千
版　　次：	2010 年 8 月　第 1 版
	2015 年 2 月　第 2 版
	2024 年 1 月　第 3 版
印　　次：	2024 年 1 月　第 3 版　第 1 次印刷　总第 8 次印刷
书　　号：	ISBN 978-7-114-19133-6
定　　价：	50.00 元(含主教材和实训手册)

(有印刷、装订质量问题的图书,由本公司负责调换)

前·言
Preface

工程测量是高等职业院校建筑工程技术、市政工程技术等专业的一门重要的、具有很强实践性的专业基础课。通过该课程的学习，学生应掌握测量的基本理论、常规测量仪器的使用及检验校正方法，会进行施工放样，从而使学生具有承担工程建设中施工测量工作的能力。本课程也是进一步学习工程施工、工程项目管理等课程的基础。2014年《建筑工程测量》入选"十二五"职业教育国家规划教材，该教材第2版出版于2015年2月，至今已有8年多时间，亟待修订。教材编写团队在总结我国高等职业教育多年教学改革成功经验、紧密结合工程测量课程建设成果的基础上，以工程测量的国家标准和测绘科学的发展为依据，以职业教育对测量人才的培养目标为指导，对应建筑工程技术、市政工程技术等专业教学标准修订了本教材。此次修订的重点在于测绘新技术的使用、新增配套数字资源及实训手册。其中，测绘新技术的使用包括全站仪数字化测图、RTK数字化测图和数字化成图新方法等。

本教材主要面向高等职业教育建筑工程技术、市政工程技术等专业的学生使用。在编写过程中力求突出以下特色：

（1）先进性与科学性。本教材的编写充分依据专业人才培养目标，瞄准当前国内外土木工程行业的新发展和新要求，参照国家专业教学标准和岗位实际需求，采用目前工程建设中测量的最新技术、工艺和方法，使教材充分体现了先进性与时效性，行业特点鲜明，做到产教融合。

（2）职业性鲜明，对接"1＋X"职业技能证书。工程测量是建筑工程技术、市政工程技术等专业的基础课程，培养学生具备工程现场测量的职业能力和职业素质。本教材内容的构建是按照现阶段课程改革的主体思路"以工作过程为导向，以真实工作任务为载体"来进行的。教材内容设计的理念是：以职业能力培养为重点，以职业工作岗位需求为导向，以能力为目标、项目为载体、学生为中心，进行基于工作任务的开发与设计，充分体现职业性、实践性和开放性的要求。在所选内容的深度和广度上，既考虑到目前学生的实际水平与接受能力，又满足了学生将来就业的需要，并融合了测绘地理信息数据获取与处理、测绘地理信息智能应用、不动产数据采集与建库等"1＋X"职业技能证书对知识、技能和素养的要求。

（3）内容实用，配套资源丰富。教材内容的选取以实用为原则，根据测量行业发展实际，以测量员实际工作过程中的各项典型工作任务所需要的知识、能力、素质要求为引领选取教材内容，在保留必需的测绘基础知识和理论的前提下，摒弃陈旧的教学内容，全书突出对学生操作技能的训练。为加强对学生测、算、绘等基本技能的训练，此次修订增加了教材配套《工程测量实训手册》，手册中精选了十个典型工作任务。同时，教材各项目中还增加了同步训练、即问即答、微课视频等数字资源，帮助学生更快掌握教学重点、加深理解所学内容，把学生的能力结构以及评价标准有机地衔接起来，适应教学和生产的需要，注重学生实践技能的培养。

（4）新形态一体化教材形式。根据课程实践性强的特点，教材在编写形式方面以任务为引领，按项目式由简单到复杂序化内容。按照项目式教学六步法的理论，第一步获取信息的内容以"纸质教材＋配套数字资源"形式呈现，后续制订计划、作出决定、实施计划、检查控制、评定反馈五个步骤在实训手册呈现。

第3版教材仍按64学时编写，其中含32学时的实践教学，不同院校教师在使用本教材时可根据本校实际教学安排合理调整。建议学时数可参考下表。

序号	项目名称	建议学时			序号	项目名称	建议学时		
		理论	实践	合计			理论	实践	合计
1	测量基础知识	2	0	2	5	建筑物定位与放线	4	4	8
2	高程控制测量	6	8	14	6	线路测量	4	4	8
3	平面控制测量	8	12	20	7	民用建筑施工测量	2	0	2
4	数字化测图	4	4	8	8	建筑物的变形监测	2	0	2

本书由金华职业技术学院陈兰云、丽水职业技术学院陈德标、金华市城市建设投资集团有限公司徐亮亮担任主编,金华职业技术学院周群美担任副主编。此外,参编人员还有金华职业技术学院田晓军、盛昌、王文亮、朱旭阳和义乌工商职业技术学院吴华君。

在本版教材修订过程中得到了有关单位和个人的大力支持,在此表示衷心感谢。本书在编写过程中,参考和引用了大量有关文献资料,在此对原作者表示感谢。

尽管编者在探索工程测量教材建设的特色方面做出了许多努力,但由于水平有限,教材中仍可能存在一些疏漏和不当之处,恳请读者批评指正。

编 者
2023 年 10 月

本书配套资源索引页

续上表

资源使用说明：

1. 扫描封面二维码，注意每个码只可激活一次；

2. 长按弹出界面的二维码关注"交通教育出版"微信公众号并自动绑定资源；

3. 公众号弹出"购买成功"通知，点击"查看详情"，进入后即可查看资源；

4. 也可进入"交通教育出版"微信公众号，点击下方菜单"用户服务—图书增值"，选择已绑定的教材进行观看。

目·录
Contents

项目1
ITEM ONE

测量基础知识

学习目标	**知识目标** 1. 知道确定地面点位的坐标系统。 2. 熟悉地形图的基本知识。 3. 知道地物与地貌(地物符号、等高线、注记)的表示方法。
	能力目标 1. 能区分测量坐标系与数学坐标系的不同。 2. 能结合具体地形图,找到该图的图名、比例尺、地物、地貌等内容,并能计算图上指定点的坐标值。
	素质目标 1. 具备工程测量相关岗位的基本职业素养。 2. 具备严谨细致的工作态度。
工作任务	1. 认识测量坐标系。 2. 看懂地形图。

　　测量学是一门研究地球表面形状、大小以及确定地面点位的学科。测量学按照研究范围和对象的不同,分为大地测量学、地图制图学、摄影测量学、工程测量学等。其中,工程测量学主要研究各类工程建设在其规划设计、施工建设和运营管理阶段所进行的各种测量工作的理论、技术和方法。各类工程建设包括:铁路工程、公路工程、桥梁工程、隧道工程、水利工程、地下工程、管线(输电线、输油管)工程、矿山工程和城市建设工程等。

　　工程测量直接服务于各种建设项目的勘测、设计、施工、安装、竣工验收、监测以及营运管理等一系列工程工序。如果没有测量工作为工程建设提供基础数据,并进行施工中的测量,那么任何工程建设都无法顺利开展和完成。

测量学包括测定和测设两部分内容。测定又称测图,是指使用测量仪器和工具,通过测量和计算将地面上局部区域的各种固定性物体(地物,如房屋、道路、河流等)以及地面的起伏形态(地貌),按一定的比例尺和特定的图例符号缩绘成图。地形图是地图的一种,能比较详细地表示地表信息,应用甚广。测设又称放样,是指使用测量仪器和工具,按照设计要求,采用一定的方法,将设计图纸上设计好的建筑物、构筑物的位置在地面上标定出来,作为施工依据,指导施工。测量工作的基本任务就是确定地面点的位置。

任务 1　认识测量坐标系

测量工作是在地球表面进行的,而地球自然表面很不规则,有高山、丘陵、平原和海洋。由于海洋约占整个地球自然表面的71%,因此,人们把海水面所包围的地球形体看作地球的形状。

如图 1-1 所示,由于地球的自转运动,地球上任一点都要受到离心力和地球引力的作用,它们的合力称为重力。重力的方向线称为铅垂线。海水面向陆地延伸形成的封闭曲面称为水准面。水准面是受地球重力影响而形成的,是一个处处与重力方向垂直的连续曲面。与水准面相切的平面称为水平面。由于海水面可高可低,因此水准面有无数个。通过平均海水面并向陆地延伸形成的封闭曲面称为大地水准面。通常,用大地水准面的形状来表示整个地球的形状,由大地水准面所包围的形体称为大地体。

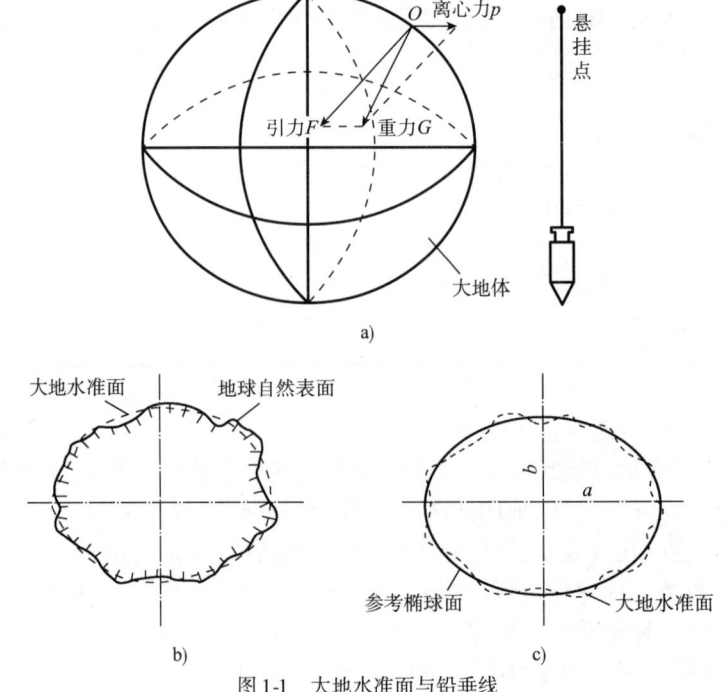

图 1-1　大地水准面与铅垂线

铅垂线是测量工作的基准线,大地水准面是测量工作的基准面。

由于地球内部物质分布不均匀,地面上各处的铅垂线方向不规则,即地球重力场是不规则的,因此大地水准面是一个复杂的曲面。大地水准面不能用一个简单的几何形体和数学公式来表达,因而在大地水准面上进行测量数据处理非常困难。为了处理测量数据而采用的一种与地球大小、形状最接近,并具有一定参数的地球椭球称为参考椭球。参考椭球是一个旋转椭球体。参考椭球的表面称为参考椭球面。大地测量在极复杂的地球表面进行,而处理测量数据均以参考椭球面作为基准面。

确定地面点的空间位置需用 3 个参数。在工程测量中,通常是将各地面点 A、B、C、D 等沿铅垂线方向投影到大地水准面上,得到 a、b、c、d 等投影点。地面点 A、B、C、D 的空间位置,可用 a、b、c、d 等投影点的位置在大地水准面上的坐标及其到 A、B、C、D 的铅垂距离 H_A、H_B、H_C、H_D 来确定,如图 1-2 所示。

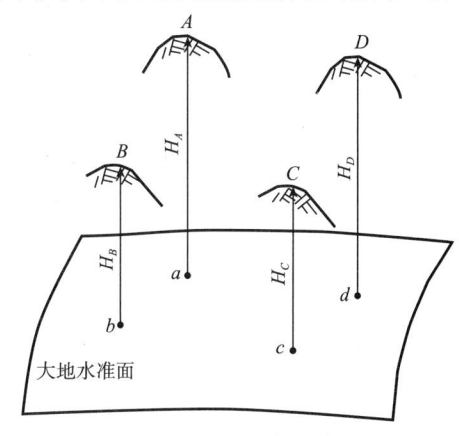

图 1-2　地面点坐标的确定

1. 地面点在投影面上的坐标

由于地球是空间的一个球体,地面点在地球椭球面上的坐标一般用球面坐标大地经度、大地纬度 (L, B)

微课视频 1-1　　　同步训练 1-1
高斯投影

表示。但为了实用方便,在大地测量和地图制图中常采用平面直角坐标。平面直角坐标是指采用一定的地图投影方法,把参考椭球面上的点、线投影到平面上,然后建立相应的平面直角坐标系,以表示地面点的位置。由椭球面变换为平面的地图投影方法一般采用高斯-克吕格尔投影(简称高斯投影),所建立的平面直角坐标系,称为高斯平面直角坐标系。当测区范围较小时也可以不考虑地球曲率对距离的影响,而以这个区域的中心点的切平面来代替曲面,并在该面上建立平面直角坐标系,用来确定地面点的平面位置。

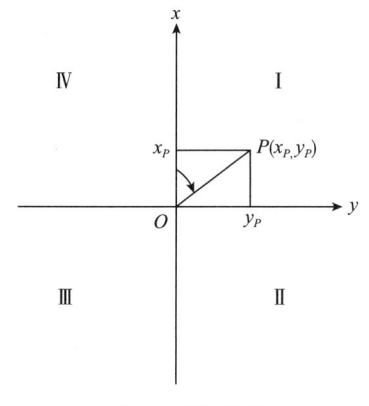

图 1-3　测量坐标系

如图 1-3 所示,在小区域(一般面积在 15km^2 以下)测量中的平面直角坐标系,以南北方向的纵轴为 x 轴,自原点向北为正,向南为负;以东西方向的横轴为 y 轴,自原点向东为正,向西为负,象限按顺时针方向编号。为了使测区内的每一点的坐标值都是正值,一般将坐标原点选在测区的西南角。地面上某点 P 的平面位置可用 (x_P, y_P) 表示。可以看出,测量中的直角坐标系与数学中的坐标系不同,由于测量工作中以极坐标表示点位时,其角度值是以北方向为准按顺时针方向计算的,把 x 轴和 y 轴互换后,数学中的三角函数公式可直接应用到测量上,而不需要作任何变更。

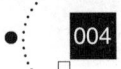

同步训练1-2

2. 地面点的高程坐标

地面点到大地水准面的铅垂距离,称为该点的绝对高程或海拔,简称高程,通常以 H 表示。两点间的高程差,称为高差,用 h 表示。我国在青岛设立验潮站,长期观测和记录黄海海水面的高低变化,取其平均值作为大地水准面的位置(其高程为零),并在青岛观象山建立了水准原点。目前,我国采用"1985 国家高程基准",青岛水准原点的高程为 72.260m,如图 1-4 所示。

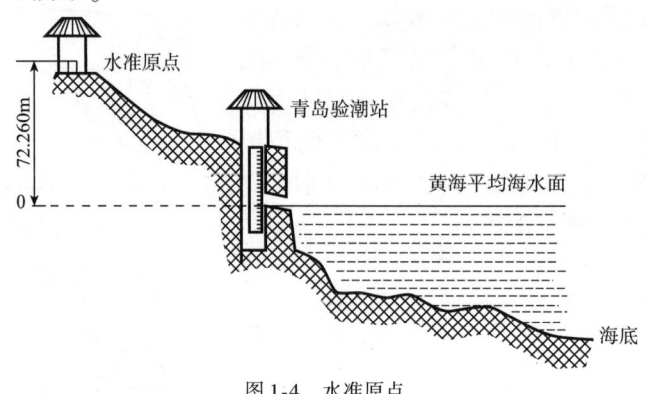

图 1-4　水准原点

当在局部地区引用绝对高程有困难时,也可假定任意一个水准面作为高程基准面,如图 1-5所示。地面点至假定水准面的铅垂距离,称为该点的相对高程或假定高程,通常以 H' 表示。在建筑施工测量中,常选定底层室内地坪面为该工程地面点高程起算的基准面,记为 ±0.000。建筑物某部位的标高,是指某部位的相对高程,即某部位距室内地坪面 ±0.000的垂直距离。

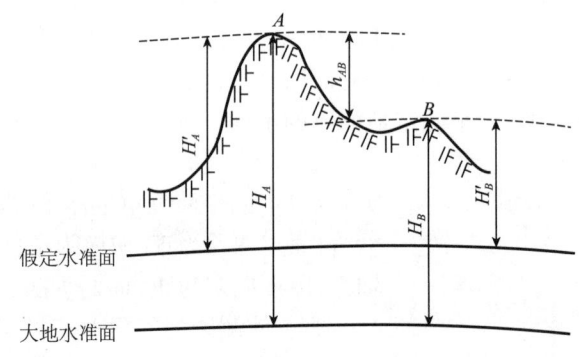

图 1-5　测量高程系统

即问即答 1-1　答案

1. 水准原点是国家( )。
   A. 高程控制网的起算点　　　　　　 B. 设定的高程为零的基点
   C. 与基准海平面间的高差为零的基准点　 D. 水平控制网的起算点
2. 水准面处处与铅垂线( )。
   A. 垂直　　　　　 B. 平行　　　　　　 C. 重合　　　　　 D. 斜交
3. 我国使用高程系的标准名称是( )。
   A. 1956 黄海高程系　　　　　　　　 B. 1980 年黄海高程系
   C. 1985 年国家高程基准　　　　　　 D. 1985 国家高程基准
4. 地面点的空间位置是用( )来表示的。
   A. 地理坐标　　　　 B. 平面直角坐标　　　 C. 坐标和高程　　 D. 球面坐标

3. 确定地面点位的三个基本要素

地面点位的确定是测量工作的根本任务。点位是由点的平面坐标 X、Y 与高程坐标 H 所决定的。而点的平面坐标 X、Y 与高程坐标 H 并不能直接测定出来,而是间接测定的,或者说是通过计算得到的。如图 1-6 所示,为了测算地面点的坐标,要测量的是地面点投影到水平面以后投影点之间组成的水平角 β_a、β_b、β_c、β_d 和水平距离 D_{ab}、D_{bc}、D_{cd}、D_{da} 以及水平面上 ab 直线与指北方向间的夹角 α (称方位角),再根据已知点 A 的坐标就可以计算出 B、C、D 各点的坐标。通过测定 A、B、C、D 各点间的高差 h_{AB}、h_{BC}、h_{CD}、h_{DA},再根据已知点 A 的高程就可以计算出 B、C、D 各点的高程。

由此可见,水平距离、水平角和高程是确定地面点位的三个基本要素。水平距离测量、水平角测量和高差测量是测量的三项基本工作。

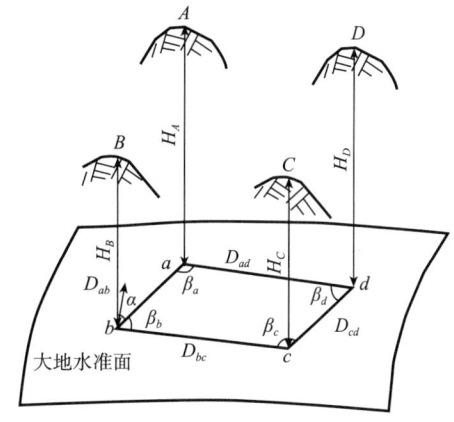

图 1-6　测量基本工作

4. 测量工作的原则

无论是测绘地形图或是施工放样,都不可避免地会产生误差,甚至还会产生错误。为了限制误差的传递,保证测区内一系列点位之间具有要求的精度,测量工作必须遵循"**从整体到局部、先控制后碎部、由高级到低级**"的原则。

在测绘地形图时,首先在整个测区内选择若干个起着整体控制作用的点作为控制点(用较精密的仪器和方法,精确地测定各控制点的平面位置和高程位置的工作称为控制测量;这些控制点测量精度高,均匀分布在整个测区),然后以控制点为依据,用低一级精度测定其周围局部范围的地物和地貌特征点(称为碎部测量)。

在工程施工放样时,同样必须先进行控制测量,然后进行细部放样。

测量工作的另一项基本原则是"边工作边检核"。只有在前一项工作经检核正确无误后,才能进行下一步工作。一旦发现错误或达不到精度要求的测量数据,必须找出原因或返工重测。只有这样,才能保证测量工作的质量。

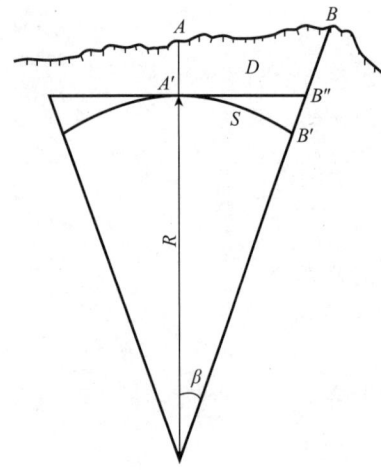

图 1-7　地球曲率对点位坐标的影响

5. 水平面代替大地水准面的限度

用水平面代替大地水准面，可使测量和绘图工作大为简化，但会对测量精度产生一定影响，因此存在一定的限度。

（1）用水平面代替大地水准面对距离的影响

如图 1-7 所示，地面上 A、B 两点沿铅垂线方向投影到大地水准面上得 A'、B' 点。过点 A' 点作一水平面，则该水平面与点 A 的铅垂线正交，设点 B 在该水平面上沿铅垂线的投影为 B''。设 A'、B'' 两点在该水平面上的距离为 D，弧 $A'B'$ 长为 S，则两者之差 ΔD 就是用水平面代替大地水准面所引起的误差，即地球曲率对距离的影响值。由数学知识得：

$$D = R\tan\beta, \quad S = R\beta$$

$$\Delta D = D - S = R\tan\beta - R\beta = R(\beta + \frac{1}{3}\beta^3 + \cdots - \beta) = \frac{S^3}{3R^2}$$

$$\frac{\Delta D}{S} = \frac{S^2}{3R^2}$$

取地球半径 $R = 6371\text{km}$，以不同 S 值代入上式，可得出距离误差 ΔD 及相对误差 $\Delta D/S$，如表 1-1 所示。

用水平面代替大地水准面对距离的影响

表 1-1

距离 S/km	距离误差 $\Delta D/\text{cm}$	相对误差 $\Delta D/S$
10	0.8	1/1217700
20	6.6	1/303300
50	102.7	1/48700

由表 1-1 可知，当 $S = 10\text{km}$ 时，用水平面代替大地水准面所引起的误差为距离的 1/1217700。这样微小的误差，在测量距离时是允许的。由此可以得出结论：在半径为 10km 的测区范围内进行距离测量时，用水平面代替大地水准面所产生的距离误差可忽略不计。

（2）用水平面代替大地水准面对高程的影响

在图 1-7 中，点 B 的高程应为 BB'，如用过点 A' 的水平面代替大地水准面，则点 B 的高程为 BB''，两者之差 $B'B''$ 即为用水平面代替大地水准面所引起的高程误差。

设 $B'B'' = \Delta h$，则

$$R^2 + D^2 = (R + \Delta h)^2$$

$$D^2 = 2R\Delta h + (\Delta h)^2$$

$$D^2 = \Delta h(2R + \Delta h)$$

$$\Delta h = \frac{D^2}{2R + \Delta h}$$

由于 Δh 较小，与 $2R$ 相比可忽略不计；S 与 D 相差很小，可用 S 代替 D，因此

$$\Delta h = \frac{S^2}{2R}$$

用不同的距离 S 代入上式,则得相应的高程误差值,如表 1-2 所示。

用水平面代替大地水准面对高程的影响　　　　　　　　　表 1-2

距离 S/km	0.05	0.1	0.5	1	2	5	10
高程误差 Δh/cm	0.02	0.08	2	8	31	196	785

　　由表 1-2 可知,用水平面代替大地水准面,在距离 500m 时就有 2cm 的高程误差。由此可见,地球曲率对高程测量的影响很大。因此在高程测量中,即使在较短的距离内,也应考虑地球曲率对高程的影响。

同步训练 1-3
目标:理解用水平面代替大地水准面对点位坐标的影响。

同步训练 1-3

任务2　看懂地形图

1. 地形图及地形图的比例尺

微课视频 1-2
地形图基本知识 1——
比例尺与分幅

地形图是将一定范围内的地物和地貌特征点按规定的比例尺和图式符号测绘到图纸上而形成的正射投影图。

地形图上某一线段的长度与地面上相应线段的实际水平距离之比,称为该地形图的比例尺。地形图的比例尺可分为数字比例尺和图示比例尺。

数字比例尺用分子为 1 的分数形式表示。设图上一直线段的长度为 d,其实际水平距离为 D,则该图的比例尺为

$$\frac{d}{D} = \frac{1}{\dfrac{D}{d}} = \frac{1}{M}$$

工程中常用 1∶5000、1∶2000、1∶1000、1∶500 等大比例尺的地形图。

图 1-8 所示为 1∶2000 的图示比例尺。取 2cm(实地为 40m)长度为基本单位,最左端的一个基本单位又分十等份。在基本单位分划处根据比例尺的大小,注记相应的数字,其所注记的数字即为以"m"为单位的实地水平距离。

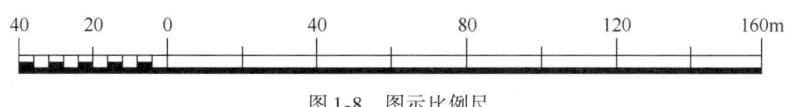

图 1-8　图示比例尺

　　一般认为人的肉眼能分辨图上的最小距离为 0.1mm,因此通常把图上 0.1mm 所代表的实地水平距离,称为比例尺精度,如表 1-3 所示。根据比例尺的精度,可以确定在测图时量距应

准确到什么程度。例如,已知测图比例尺为1:2000,实地量距只需精确到0.2m就可以了,因为量得再精确在图上也表示不出来。此外,当已知工程要求距离达到某一定的精度时,可以确定测图比例尺。例如,某工程要求在图上能反映出实地上0.1m距离的精度,则应选用1:1000的测图比例尺。测图比例尺越大,其表示的地物、地貌越详细,精度越高,但成本也越高。因此,在选择比例尺时,既要考虑测图精度要求又要经济合理。

比例尺精度　　　　　　　　　　　　表1-3

比例尺	1:500	1:1000	1:2000	1:5000
比例尺精度/m	0.05	0.10	0.20	0.50

即问即答1-2 答案

即问即答 1-2
目标:理解比例尺精度的概念。

1. 地形测量中,若比例尺精度为b,测图比例尺为1:M,则比例尺精度与测图比例尺大小的关系为(　　)。

    A. b 与 M 无关　　　B. b 与 M 成正比　　　C. b 与 M 成反比　　　D. 以上选项均不对

2. 比例尺为1:2000的地形图的比例尺精度是(　　)。

    A. 2m　　　　　B. 0.2m　　　　　C. 0.02m　　　　　D. 0.002m

3. 下列关于比例尺精度,说法正确的是(　　)。

    A. 比例尺精度指的是图上距离和实地水平距离之比

    B. 比例尺为1:500的地形图其比例尺精度为5cm

    C. 比例尺精度与比例尺大小无关

    D. 比例尺精度可以任意确定

2. 地形图的分幅和编号

为了便于管理和使用地形图,需要将各种比例尺的地形图进行统一的分幅和编号。分幅方法可分为两类:一类是按经纬线分幅的梯形分幅法(又称为国际分幅),用于国家基本地形图的分幅;另一类是按坐标格网分幅的矩形分幅法,用于城市或工程建设中大比例尺地形图分幅。大比例尺地形图分幅方法基本上是按直角坐标格网划分的矩形分幅法,但有时某些特殊工程也可采用独立地区图幅分幅法。下面介绍矩形分幅法和独立地区图幅分幅法。

一幅1:5000地形图图幅大小可采用40cm×40cm,表示实地面积4km²。1:2000、1:1000和1:500地形图图幅大小通常采用50cm×50cm,其表示的实地面积、分幅数如表1-4所示。

地形图的图幅和分幅数　　　　　　　　　　　表1-4

比例尺	图幅大小/cm	实地面积/km²	1:5000 图幅内的分幅数
1:5000	40×40	4	1
1:2000	50×50	1	4

续上表

比例尺	图幅大小/cm	实地面积/km²	1:5000 图幅内的分幅数
1:1000	50×50	0.25	16
1:500	50×50	0.0625	64

大比例尺地形图采用矩形分幅时,1:5000 地形图常取其图幅西南角的坐标千米数作为图幅编号。例如,某图幅西南角的坐标 $x=3550.0$km,$y=533.0$km,则其编号为"3550.0-533.0"。采用此法编号时,1:500 地形图坐标值取至 0.01km,而 1:2000、1:1000 地形图坐标值取至 0.1km。

某些工矿企业和城镇的面积较大,而且绘有几种不同比例尺的地形图,编号时以 1:5000 地形图为基础,并作为包括在本图幅中的较大比例尺图幅的基本图号。例如,图 1-9a)所示的 1:5000 地形图,西南角坐标 $x=20$km,$y=30$km,则其编号为"20-30"。将该 1:5000 地形图作四等分,得到四幅 1:2000 地形图。那么,在 1:5000 地形图图号之后加上 1:2000 地形图相应的代号Ⅰ、Ⅱ、Ⅲ、Ⅳ作为 1:2000 地形图的编号。如图 1-9b)所示,画阴影线的 1:2000 图幅编号为"20-30-Ⅲ"。每幅 1:2000 地形图又可分为四幅 1:1000 地形图;一幅 1:1000 地形图再分成四幅 1:500 地形图,其附加的各自代号均取罗马字Ⅰ、Ⅱ、Ⅲ、Ⅳ。如图 1-9b)所示,画阴影线的 1:1000 图幅、1:500 图幅编号分别为"20-30-Ⅱ-Ⅰ"和"20-30-Ⅰ-Ⅰ-Ⅰ"。

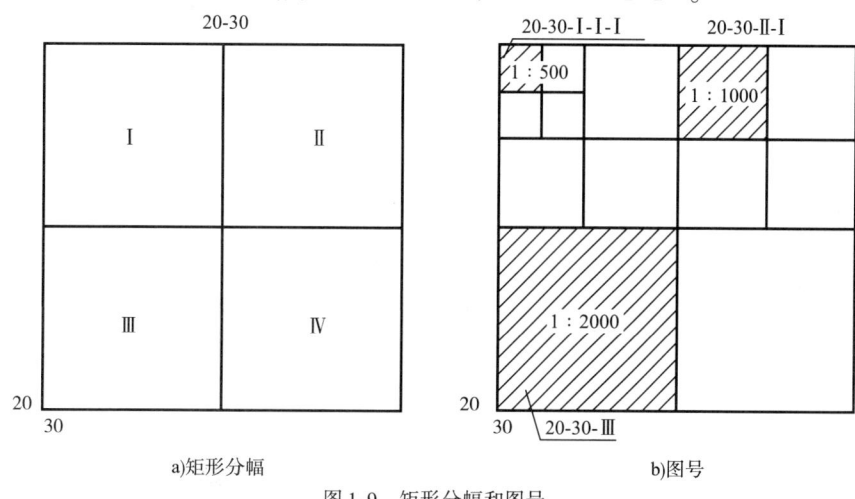

a)矩形分幅　　　　　　　　　　b)图号
图 1-9　矩形分幅和图号

3.地形图的图外注记

地形图的图外注记包括图名、图号、图廓、接图表、比例尺、坐标系统、高程系统、测图日期、测绘单位及人员等,如图 1-10 所示。

图名即本图幅的名称。通常用本图幅内重要的地名、村庄、厂矿企业或突出的地物来命名,如图 1-10 中的热电厂。

每幅地形图上都编有图号,标注在图名下方,如图 1-10 中的 10.0-21.0。

图廓是图幅四周的边界线。矩形分幅的地形图有内、外图廓之分。内图廓上按 10cm 长度绘有纵横坐标格网线,并标注格网线的坐标值。内图廓是地形图的图幅边界线。外图廓为图幅的最外边界线,以粗实线描绘,它是作为装饰美观用的。外图廓线平行于内图廓线。

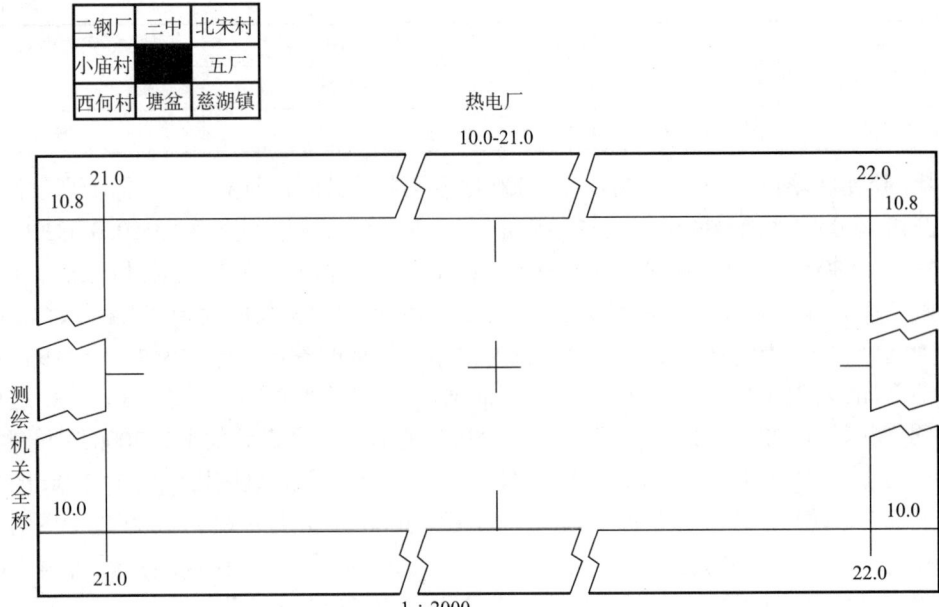

任意直角坐标系：坐标起点以"××地方"为原点起算。
1985国家高程基准，等高距1m。
《国家基本比例尺地图图式　第1部分：1：500　1：1000　1：2000地形图图式》(GB/T 20257.1—2017)。
(单位)于××××年测制

图1-10　地形图图外注记

接图表用来注明本图幅与相邻图幅的关系(标注其四邻图号或图名)，以便查找相邻图幅。

电子图1-1
城区居民地示例

4.地形图的地物符号和地貌符号

地形是地物和地貌的总称。地面上天然或人工形成的物体称为地物，如湖泊、河流、房屋、道路等；地面高低起伏的形态称为地貌，如山头、盆地、山脊、山谷、鞍部等。地形图上用地物和地貌符号来表示地形，地物和地貌按国家测绘部门颁发的地形图图式中规定的符号表示于图上。表1-5为部分1：500、1：1000、1：2000地形图图式示例。

部分1：500、1：1000、1：2000地形图图式示例　　　　表1-5

编号	符号名称	符号式样			符号细部图
		1：500	1：1000	1：2000	
4.1.1	三角点 a.土堆上的 张湾岭、黄土岗——点名 156.718、203.623——高程 5.0——比高		3.0 △ 张湾岭/156.718 a　5.0 ⏅ 黄土岗/203.623		1.0 0.5 1.0
4.1.2	小三角点 a.土堆上的 摩天岭、张庄——点名 294.91、156.71——高程 4.0——比高		3.0 ▽ 摩天岭/294.91 a　4.0 ⏇ 张庄/156.71		1.0 0.5 1.0

编号	符号名称	符号式样			符号细部图
		1:500	1:1000	1:2000	
4.1.3	导线点 a. 土堆上的 Ⅰ16、Ⅰ23——等级、点号 84.46、94.40——高程 2.4——比高		2.0 ⊙ $\frac{Ⅰ16}{84.46}$ a 2.4 ⊕ $\frac{Ⅰ23}{94.40}$		
4.1.4	埋石图根点 a. 土堆上的 12、16——点名 275.46、175.64——高程 2.5——比高		2.0 ▣ $\frac{12}{275.46}$ a 2.5 ▣ $\frac{16}{175.64}$		0.5 2.0 ▣ 0.5 1.0
4.1.5	不埋石图根点 19——点名 84.47——高程		2.0 ▣ $\frac{19}{84.47}$		
4.1.6	水准点 Ⅱ——等级 京石5——点名点号 32.805——高程		2.0 ⊗ $\frac{Ⅱ京石5}{32.805}$		
4.1.7	卫星定位连续运行站点 14——点号 495.266——高程		3.2 ▲ $\frac{14}{495.266}$		
4.1.8	卫星定位等级点 B——等级 14——点号 495.263——高程		3.0 ▲ $\frac{B14}{495.263}$		
4.3.1	单幢房屋 a. 一般房屋 b. 裙楼 b1. 楼层分割线 c. 有地下室的房屋 d. 简易房屋 e. 突出房屋 f. 艺术建筑 混、钢——房屋结构 2、3、8、28——房屋层数 （65.2）——建筑高度 -1——地下房屋层数	a 混3　b 混3 混8 0.1 0.2 c 混3-1　d 简2 e 钢28 f 艺28　艺（65.2） 0.2　0.2		a c d 3 b 3 8 0.1 0.2 e f 28 1.0	f ⌐ ⌐ 2.5 0.5

续上表

编号	符号名称	符号式样			符号细部图
		1：500	1：1000	1：2000	
4.3.2	建筑中房屋	建 2.0 1.0			
4.3.3	棚房 a.四边有墙的 b.一边有墙的 c.无墙的	a 1.0 b 1.0 c 1.0 1.0 0.5			
4.3.4	破坏房屋	破 2.0 1.0			
4.3.5	架空房、吊脚楼 4——楼层 3——架空楼层 /1√/2——空层层数	砼4 砼3/2 砼4 2.5 0.5		4 3/1 2.5 0.5	
4.3.6	廊房(骑楼)、飘楼 a.廊房 b.飘楼	a 混3 1.0 2.5 0.5	b 混3 2.5 0.5		
4.3.111	地下建筑物出入口 a.出入口标识 b.敞开式的 c.有雨棚的 d.屋式的 e.不依比例尺的	a ∀ b c ∀ d 砖 e 2.5 1.8			a 2.5 1.8 1.2
4.3.112	地下建筑物通风口 a.地下室的天窗 b.其他通风口	a b 2.6 ⊘ 1.6			1.4 4.2
4.3.113	柱廊 a.无墙壁的 b.一边有墙壁的	a 1.0 0.5 1.0 b			

编号	符号名称	符号式样			符号细部图
		1:500	1:1000	1:2000	
4.3.114	门顶、雨罩 a.门顶 b.雨罩				
4.3.115	建筑物前汽车坡道、无障碍通道				
4.3.116	阳台				
4.3.117	檐廊				
4.3.118	挑廊				
4.3.119	悬空通廊				
4.3.120	门洞、下跨道				
4.3.121	台阶				
4.3.122	室外楼梯 a.上楼方向				
4.3.123	院门 a.围墙门 b.有门房的				

续上表

编号	符号名称	符号式样			符号细部图
		1:500	1:1000	1:2000	
4.3.127	门墩 a.依比例尺的 b.不依比例尺的				
4.3.128	支柱、墩、钢架 a.依比例尺的 b.不依比例尺的				
4.3.129	路灯、艺术景观灯 a.普通路灯 b.艺术景观灯				
4.3.130	照射灯 a.杆式 b.桥式 c.塔式				
4.3.131	岗亭、岗楼、交通巡警平台 a.依比例尺的 b.不依比例尺的				
4.3.132	宣传橱窗、广告牌、电子屏 a.双柱或多柱的 b.单柱的				

（1）地物符号

地物符号分为依比例尺符号、不依比例尺符号、线形符号和地物注记。

①依比例尺符号。有些地物轮廓较大，如房屋、湖泊等，它们的形状和大小可以按测图比例尺缩小，并用规定的符号绘在图纸上，这种符号称为依比例尺符号。

②不依比例尺符号。有些地物轮廓较小，如水准点、独立树、电杆等，它们的轮廓无法按测图比例尺直接缩绘到图纸上，因此，在绘图时不考虑它们的实际尺寸，而采用规定的符号表示，这种符号称为不依比例尺符号。

不依比例尺符号的中心位置与该实际地物的中心位置关系,随各种不同的地物而异,须注意以下事项:规则几何图形符号,如导线点、钻孔等,其图形的几何中心即代表地物的中心位置;宽底符号,如岗亭、水塔等,其符号底线的中心为地物的中心位置;底部为直角的符号,如独立树等,其符号底部的直角顶点为地物的中心位置。

③线形符号。某些带状的狭长地物,如铁路、电线、管道等,其长度可以按比例尺缩绘,但宽度不能按比例尺缩绘,这种符号称为线形符号或半依比例尺符号。

④地物注记。当应用上述这些符号还不能清楚表达地物时(如河流的流速、农作物、森林种类等),可采用文字、数字或特有符号加以说明,称之为地物注记。

(2)地貌符号

在测量中通常用等高线表示地貌。等高线是地面上高程相同的相邻点连成的闭合曲线。如图 1-11 所示,假设一高程为 100m 的水平面与山体相交,交线即为 100m 的等高线;同理可得到高程为 90m、80m 的等高线。

微课视频 1-4
地形图基本知识 3——
地貌符号

同步训练 1-4
目标:理解等高线的特性。

水平面与山体的相交线,为一组高差为 10m 的等高线。把这一组等高线沿铅垂线方向投影到同一水平面上,并按规定的比例尺缩小画在图纸上,就得到用等高线表示该山体地貌的等高线图。显然,地面的高低起伏状态决定了图上的等高线形态。

同步训练 1-4

两条相邻等高线间的高差称为等高距(或基本等高距),常用 h 表示。两条相邻等高线间的水平距离称为等高线平距,常用 d 表示。在同一幅地形图上等高距是相同的。等高线平距则随地面坡度的变化而改变。坡陡则等高线密,等高线平距就小;坡缓则等高线疏,等高线平距就大。

地形图上等高距按测图比例尺和测区的地形类别选择,图上按基本等高距绘制的等高线称为首曲线。每隔 4 条首曲线加粗的 1 条等高线称为计曲线,在计曲线上注记高程。对于坡度较缓的地方,基本等高线不足以表示出其局部地貌特征时,按 1/2 基本等高距绘制的等高线称为间曲线。按 1/4 基本等高距绘制的等高线称为助曲线。间曲线和助曲线通常用虚线在图上绘出,间曲线用长虚线,助曲线用短虚线表示。

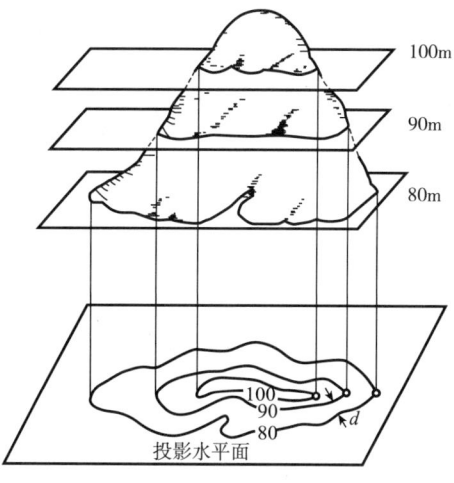

图 1-11　等高线

尽管地球表面的高低起伏变化复杂,但不外乎由山丘、洼地、山脊、山谷、鞍部等几种典型地貌组成,如图 1-12 所示。

图 1-12　典型地貌

　　典型地貌中地表隆起并高于四周的高地称为山丘。山丘由山顶、山坡、山脚等组成。洼地是四周较高，中间凹下的低地。较大的洼地称为盆地。

　　山丘上线状延伸的高地为山脊。山脊的棱线称山脊线或分次线。两山脊之间的凹地为山谷。山谷最低点的连线称山谷线或集水线。

　　鞍部一般指山脊线与山谷线的交会之处，是在两山峰之间呈马鞍形的低凹部位。

　　坡度在 70° 以上的山坡称为陡崖。陡崖处等高线非常密集甚至重叠，可用陡崖符号代替等高线。下部凹进的陡崖称悬崖。悬崖的等高线投影到地形图上会出现相交情况。

项目2
ITEM TWO

高程控制测量

学习目标	**知识目标** 1. 熟悉水准测量原理。 2. 知道水准测量的误差来源及施测中的注意事项。 3. 知道水准仪的检验方法。
	能力目标 1. 能使用水准仪实施水准测量的外业工作(观测和记录、计算)。 2. 会水准测量内业数据处理工作(高差闭合差的调整)。 3. 会建立高程控制网,会实施四等水准测量观测。
	素质目标 1. 具备吃苦耐劳的品质。 2. 具备严谨细致的工作态度。 3. 具备团队协作的意识。
工作任务	1. 操作水准仪。 2. 实施水准测量。 3. 整理水准测量成果。 4. 建立高程控制网。

　　确定地面点高程的测量工作,称为高程测量。根据所使用的仪器和施测方法的不同,高程测量分为水准测量、三角高程测量、气压高程测量和 GNSS 高程测量等。其中,水准测量是高程测量中精度最高、最常用的方法。本项目主要介绍水准测量方法。

任务 1　操作水准仪

一、水准测量原理

水准测量是利用水准仪提供的"水平视线"，并借助水准尺，测定两点间高差，从而由已知点高程推算出未知点高程的一种高程测量方法。

微课视频 2-1
水准测量原理

如图 2-1 所示，已知点 A 高程为 H_A，欲测定点 B 的高程 H_B，可在 A、B 两点上分别竖立水准标尺（简称水准尺），并在 A、B 两点间安置水准仪，照准点 A 水准尺，利用水准仪提供的水平视线读出水准尺上的读数 a，再照准点 B 水准尺，用水准仪的水平视线读出水准尺上的读数 b，则点 B 对于点 A 的高差为

$$h_{AB} = a - b \tag{2-1}$$

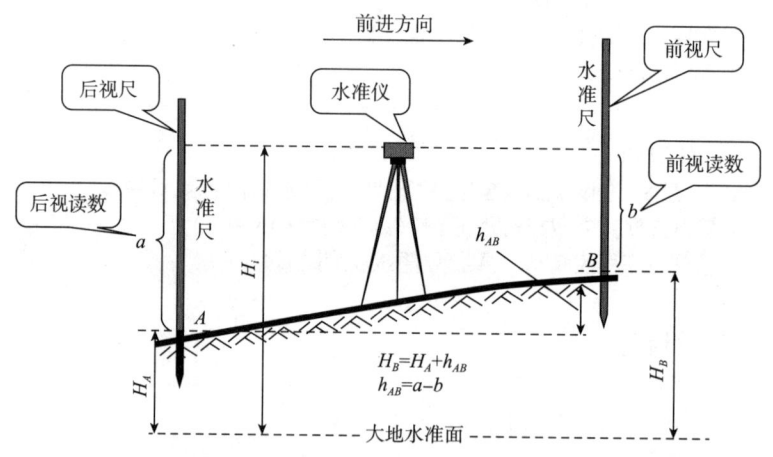

图 2-1　水准测量原理

在施测过程中，点 A 为已知高程点，点 B 为待测高程点，测量是由点 A 向点 B 进行的，故称点 A 为后视点，点 B 为前视点；a 为后视读数，b 为前视读数。用文字表述式（2-1），则为两点间高差等于后视读数减去前视读数。

高差有正、负之分。当 h_{AB} 为正值时，即表示前视点 B 比后视点 A 高；当 h_{AB} 为负值时，表示前视点 B 比后视点 A 低。在计算高程时，高差应连同其符号一并运算。同时，在书写 h_{AB} 时，必须注意 h_{AB} 的下标 AB 是表示点 B 相对于点 A 的高差。若高差写作 h_{BA}，则表示点 A 相对于点 B 的高差，与 h_{AB} 的绝对值是相等的，但符号相反。

根据求得的待测点与已知点之间的高差，可计算得点 B 的高程为

$$H_B = H_A + h_{AB} = H_A + (a - b) \tag{2-2}$$

上述利用高差计算待测点高程的方法，叫高差法。

由图2-1还可以知道，H_i是仪器水平视线的高程，点B的高程也可通过H_i求得：

$$H_i = H_A + a = H_B + b \tag{2-3}$$
$$H_B = H_i - b \tag{2-4}$$

利用式(2-4)，通过仪器视线高程计算待测点高程的方法，叫仪高法。当安置一次仪器要求确定若干个待测点高程时，仪高法比高差法方便。

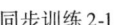

同步训练2-1   微课视频2-2
                 水准仪安置与使用

> **同步训练 2-1**
> 目标：理解水准测量原理。

二、水准测量的仪器和工具

为水准测量提供一条水平视线的仪器称为水准仪。水准测量的工具有水准尺和尺垫。

水准仪的型号有很多，按精度不同分为DS_{05}、DS_1、DS_3和DS_{10}四个等级；按构造不同分为微倾式水准仪、自动安平水准仪和数字水准仪。在本项目中主要介绍自动安平水准仪的构造和使用，微倾式水准仪可以参考拓展知识部分自学。

1. DSZ_1精密自动安平水准仪

DSZ_1精密自动安平水准仪是高精度精密自动安平水准仪，如图2-2所示。它可用于国家二、三等水准测量，建筑工程测量，变形及沉降监测，矿山测量，大型机器安装。该仪器利用自动补偿技术，可大大提高作业效率和作业精度。

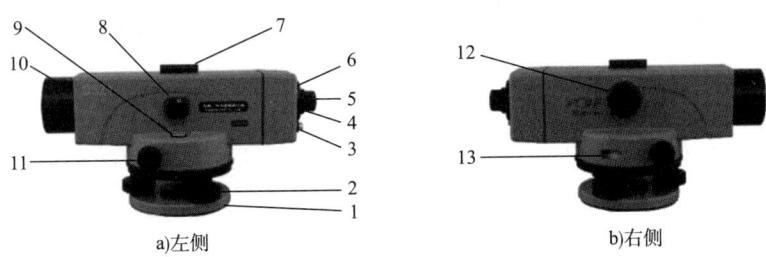

图2-2 DSZ_1精密自动安平水准仪

1-基座；2-安平手轮；3-检查按钮；4-目镜卡环；5-目镜；6-护盖；7-光学瞄准器；8-圆水准器观测棱镜；9-圆水准器；10-物镜；11-水平微动手轮；12-调焦手轮；13-内置度盘读数窗

（1）望远镜

望远镜是用来照准目标，提供水平视线并在水准尺上进行读数的装置。它主要由物镜、目镜、十字丝分划板、物镜对光螺旋、目镜对光螺旋等部件组成。DSZ_1精密自动安平水准仪的望远镜还带有光学自动补偿器。补偿器采用交叉吊丝结构和有效的空气阻尼，保证仪器工作可靠。

仪器上设有检查按钮，可检查补偿器工作状况，望远目镜是卡扣式可拆卸结构，可卸下更换其他观测附件。

仪器采用摩擦制动。水平微动采用无限微动机构，两侧的微动手轮分别供两只手操作。

望远镜十字丝交点与物镜光心的连线，称为视准轴。视准轴的延长线就是我们通过望远镜瞄准远处目标的视线。因此，当视准轴水平时，通过十字丝交点看出去的视线就是水准测量

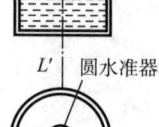

图 2-3 圆水准器

原理中提到的水平视线。

（2）水准器

水准器是用来判别仪器的竖轴是否铅垂（竖直）、视准轴是否水平的装置。水准器分圆水准器和管水准器两种形式。DSZ_1 精密自动安平水准仪只有圆水准器。

圆水准器又称水准盒，如图 2-3 所示。其顶面内壁磨成球面，中央刻有小圆圈，其圆心为圆水准器零点。过零点的球面法线 $L'L'$ 称为圆水准器轴。当气泡中心与零点重合时，表示气泡居中。此时，圆水准器轴处于铅垂位置。

在读取标尺读数前，按一下检查按钮，若标尺像上下稍微摆动，最后水平丝回到原来标尺位置上，则补偿器处于正常工作状态，视线水平。如果气泡偏离中心，当按下检查按钮时，标尺像不是正常摆动，而是急促短暂地跳动，表明补偿器超出工作范围碰到限位丝，必须将仪器整平，使气泡居中。

（3）基座

基座的作用是支撑仪器的上部并与三脚架连接。它主要由轴座、脚螺旋、底板和三角压板构成。

知 识 拓 展

DS₃ 型微倾式水准仪

"微倾式"是指仪器上设有微倾装置，转动微倾螺旋，可使望远镜连同管水准器在垂直面内作同步的微小仰俯运动，直至管水准器气泡精确居中，以确定仪器提供水平视线。

图 2-4 为国产的 DS₃ 型微倾水准仪外形，该水准仪由望远镜、水准器和基座三部分组成。

微倾式水准仪的水准器分圆水准器和管水准器两种形式。圆水准器的设置与自动安平水准仪相同。管水准器又称水准管，如图 2-5 所示。它是一纵向内壁磨成圆弧形的玻璃管，管内装酒精和乙醚的混合液，加热封口冷却后形成气泡，由于气泡较液体轻，因此恒处于管内最高位置。

水准管上一般刻有数条间隔 2mm 的分划线，分划线的中点 O 称为水准管零点。过零点作水准管圆弧的

图 2-4　国产 DS₃ 型微倾式水准仪外形

切线 LL，称为水准管轴。当水准管的气泡中点与水准管零点重合时，称为气泡居中，这时水准管轴 LL 处于水平位置。DS₃ 型微倾式水准仪在水准管的上方安装一组符合棱镜，通过符合棱镜的反射作用，使气泡两端的影像反映在望远镜旁的气泡观察窗中，如图 2-6所示。若两端半边气泡的影像吻合，如图 2-6a）所示，则表示气泡居中；若两端半边气泡的影像错开，如图 2-6b）所示，则表示气泡不居中，此时，应转动微倾螺旋，使气泡的半像吻合。

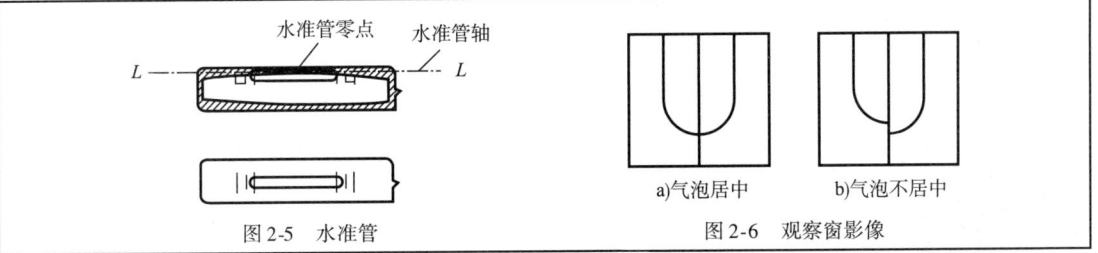

图 2-5 水准管　　　　图 2-6 观察窗影像

a)气泡居中　　b)气泡不居中

即问即答 2-1

目标:理解水准仪的构造。

即问即答 2-1 答案

1. 水准仪的(　　)与仪器竖轴平行。

　　A. 视准轴　　　　B. 圆水准器轴　　　　C. 十字丝横丝　　　　D. 水准管轴

2. DS_1 水准仪的观测精度(　　)DS_3 水准仪。

　　A. 高于　　　　B. 接近于　　　　C. 低于　　　　D. 等于

3. 国产水准仪的型号一般包括 DS_{05}、DS_1、DS_3,精密水准仪是指(　　)。

　　A. DS_{05}、DS_3　　B. DS_{05}、DS_1　　C. DS_1、DS_3　　D. DS_{05}、DS_1、DS_3

4. DSZ_3 型自动安平水准仪,其中的"Z"表示(　　)。

　　A. 安平　　　　B. Z 号　　　　C. 制动　　　　D. 自动

2. 水准尺

水准尺是进行水准测量时使用的标尺,它的质量好坏直接影响水准测量精度高低。常用的水准尺有双面水准尺和塔尺两种,如图 2-7a)、图 2-7b)所示。

双面水准尺多用于三、四等水准测量,其长度有 2m 和 3m 两种,且两根为一对。尺的双面均有刻划,一面为黑白相间,称黑面;另一面为红白相间,称红面。两根尺的黑面尺底刻度均由零开始;而红面尺底刻度,一根由 4.687 开始,另一根由 4.787 开始。

塔尺多用于等外水准测量,其长度有 3m 和 5m 两种,由三节尺段套接而成,可以伸缩。尺的底部为零点,尺面为黑白格或红白格相间分划,分划格为 1cm 或 0.5cm,于米和分米处均有注记。塔尺拉出使用时,一定要注意接合处的卡簧是否卡紧,数值是否连续,尺段接头处易损坏和常有对接不准的差错。当高差不大时,可只用第一节。由于携带方便,塔尺多用于工程测量中。

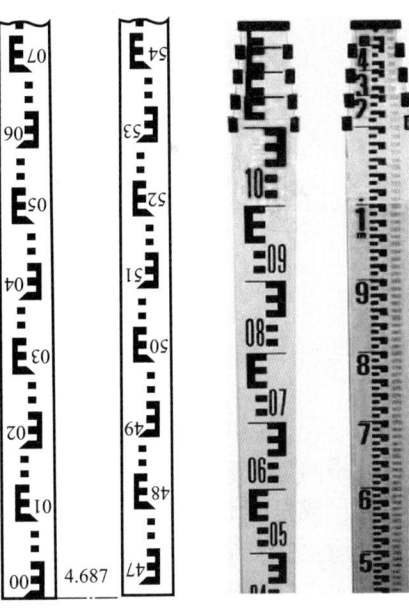

a)双面水准尺　　　　b)塔尺

图 2-7 水准尺

图2-8　尺垫

3.尺垫

尺垫一般用生铁铸成,如图2-8所示。在进行长距离的水准测量时,尺垫用作竖立水准尺和标志转点。尺垫中心部位凸起的圆顶,即为标尺的转点。在土质松软地段进行水准测量时,要将三个尖脚牢固地踩入地下,然后将水准尺立于圆顶上。这样,尺子在此转动方向时,高程不会改变。尺垫仅限于高程传递的转点处使用,以防止观测过程中,尺子位置改变而影响读数。

三、水准仪的操作

1.安置仪器

打开三脚架,使脚架的高度适中,架头大致水平后用连接螺旋将仪器牢固地连接在架头上。

2.粗略整平

水准仪的粗略整平(粗平)就是通过旋转脚螺旋使圆水准器气泡居中,从而使仪器大致水平。为了快速粗平,选好仪器安置点后,可固定脚架的两个腿,一手扶住脚架顶部,另一手握住第三条腿作前后左右移动,眼睛盯着圆水准器气泡,使之离中心不远(一般位于中心的圆圈上即可),然后固定第三条腿,再用脚螺旋粗平。粗平时气泡移动的方向与左手大拇指转动脚螺旋的方向一致(与右手大拇指转动方向相反)。如图2-9所示,可先转动1、2两个脚螺旋,使气泡从图2-9a)所示位置转至图2-9b)所示位置,然后转动脚螺旋3使气泡居中,如图2-9c)所示。

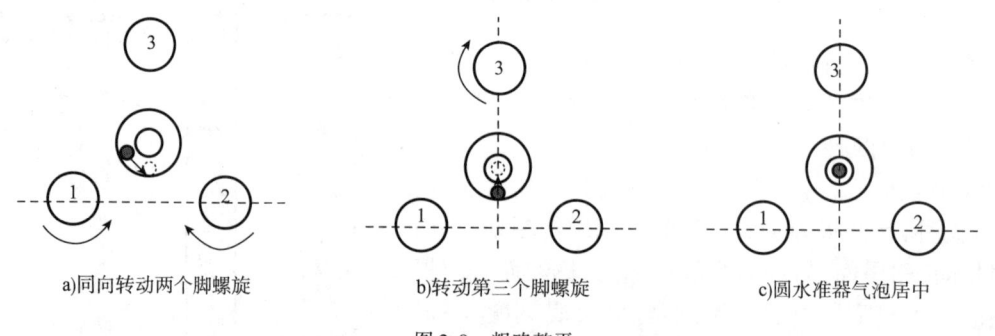

a)同向转动两个脚螺旋　　　　b)转动第三个脚螺旋　　　　c)圆水准器气泡居中

图2-9　粗略整平

3.对光与照准

将两根水准尺分别立于后视点和前视点上,使望远镜对准水准尺,进行调焦,使十字丝和水准尺成像都十分清晰,以便读数。具体操作过程:转动目镜对光螺旋使十字丝十分清晰;用望远镜上的光学瞄准器对准水准尺;转动物镜对光螺旋对物镜进行调焦,使水准尺成像清晰;转动水平微动螺旋使十字丝竖丝位于水准尺上,如图2-10所示。

做好对光的标准是不仅目标成像清晰,而且要求必须成像在十字丝分划板平面上。如图2-11a)所示,如果对光不好,目标的影像未落在十字丝分划板平面上,当眼睛在靠近目镜端上下移动时,就会发现十字丝的横丝在水准尺上的读数也随之变动,这种现象称为视差。若有视差,将直接影响读数的精度,必须加以消除。消除的方法是重新对光,直到眼睛上下移动,水准尺读数不变,如图 2-11b)所示。

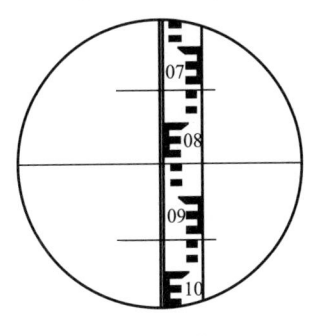

图 2-10　照准水准尺

图 2-11　视差

4. 读数

自动安平水准仪在读取标尺读数前,需按一下检查按钮。若补偿器处于正常工作状态,视线水平,则立即用十字丝中丝在尺上读数。读出米、分米、厘米、毫米四位数字,毫米位估读即可。读数应当从水准尺的小数向大数方向读。例如,图 2-10 中的尺读数为 0.859m。

5. 记录计算

将观测数据记录到水准测量记录表中,并进行计算。

同步训练 2-2

目标:掌握水准尺读数。

同步训练 2-2

任务2　实施水准测量

一、水准点

用水准测量方法测定的高程控制点,称为水准点,用 BM 表示。

水准点分为永久性和临时性两种。永久性水准点是在全国各地建立的国家等级水准点,按精度分一、二、三、四等。永久性水准点一般用石料、金属或混凝土制成,顶面设置半球状的金属标志,其顶点表示水准点的高程和位置,如图 2-12a)所示。永久性水准点应埋设在不易损毁的坚实土质内。在城镇、厂矿区也可将永久性水准点埋设于基础稳定的建筑物墙脚上,称之为墙上水准点,如图 2-12b)所示。永久性水准点的高程可向当地测量主管部门索取,作为地形图测绘、工程建设和科学研究引测高程的依据。工地上布设的临时性水准点(只用于一个时期而不需永久保留)通常可将大木桩(一般顶面 10cm × 10cm)打入地下,在桩顶钉一个半球状铁钉来标定,也可以在稳固的地物(如坚硬的岩石、房角等)处用红油漆做标志。临时性水准点的绝对高程都是从永久性水准点上引测的,如引测有困难,可采用相对高程。

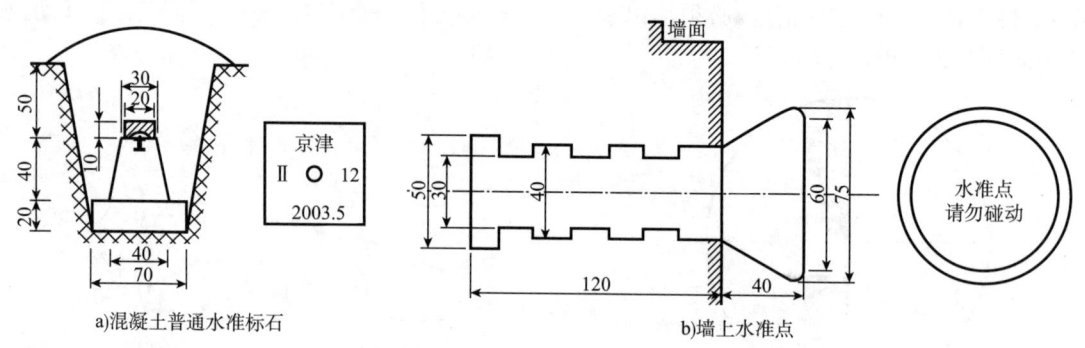

a)混凝土普通水准标石　　　　　　　　　　　b)墙上水准点

图 2-12　水准点(尺寸单位:mm)

二、水准路线

水准测量所经过的路线,称为水准路线。为避免在测量成果中存在错误,保证测量成果达到一定的精度要求,水准测量都要根据测区的实际情况和作业要求布设成某种形式的水准路线,并利用一定的条件来检核测量成果的正确性。水准路线的布设形式主要有闭合水准路线、附合水准路线和支水准路线三种。

1. 闭合水准路线

如图 2-13a)所示,从水准点 BM_A 出发,沿待测高程点 1、2、3、4 进行水准测量后,最后又回到原水准点 BM_A,形成的水准路线,称为闭合水准路线。

2. 附合水准路线

如图 2-13b)所示,从水准点 BM_A 出发,沿待测高程点 1、2、3 进行水准测量后,最后附合到另一个已知水准点 BM_B,这种在两个已知水准点之间的水准路线,称为附合水准路线。

3. 支水准路线

如图 2-13c)所示,从水准点 BM_A 出发,沿待测高程点 1、2 进行水准测量后,既不闭合,也不附合到其他水准点上,这种水准路线,称为支水准路线。支水准路线要进行往、返观测,以便检核。

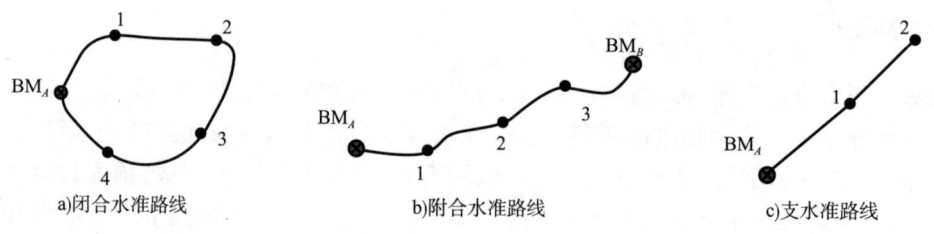

a)闭合水准路线　　　　　　　　b)附合水准路线　　　　　　　　c)支水准路线

图 2-13　水准路线

三、普通水准测量的外业工作

水准测量通常从水准原点或任一已知高程点出发,沿选定的水准路线逐站测定各点的高程。观测时设置仪器的位置称为测站。

普通水准测量的精度低于四等水准测量,主要用于一般工程建设和图根高程控制的水准测量。当两点相距不远,高差不大,且视线无遮挡时,只需安置一次仪器就可测量相邻两点的高差。按式(2-1)计算两点间高差,按式(2-2)计算待测点的高程。

当两点间相距较远或高差较大或有障碍物遮挡视线时,可在水准路线中加设若干个临时过渡立尺点,称为转点(用 TP 表示),把原水准路线分成若干段。转点的作用是传递高程。

如图 2-14 所示,已知点 BM_A 的高程 H_A,欲测定点 BM_B 的高程 H_B。可在 BM_A、BM_B 两点间设置 4 个转点 TP_1、TP_2、TP_3 和 TP_4,观测程序如下。

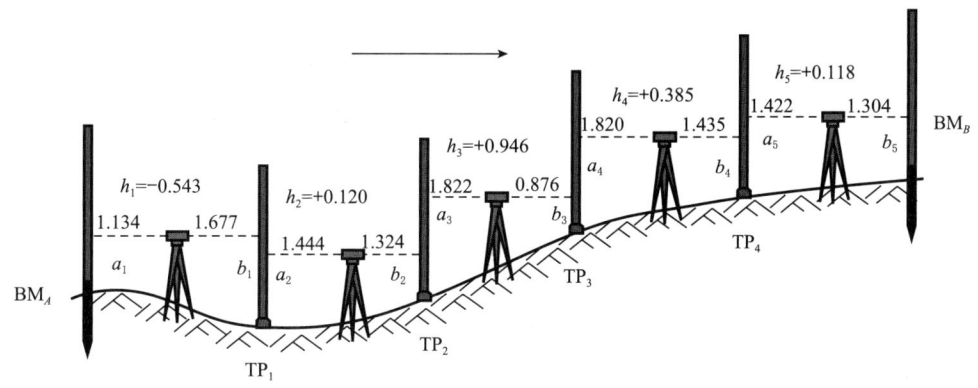

图 2-14　水准路线外业观测

①在距水准点 BM_A(起点)和转点 TP_1 距离大致相等的地方安置仪器作为第一站。瞄准起点 BM_A 上的水准尺读取后视读数 a_1 并记录。

②将水准尺立于 TP_1 点,旋转望远镜瞄准 TP_1 点之上的水准尺,读取前视读数 b_1 并记录,同时计算高差 $h_1 = a_1 - b_1$。

③考虑前后视距基本相等,安置仪器于转点 TP_1 和 TP_2 中间作为第二站,瞄准 TP_1 点处水准尺读取后视读数 a_2 并记录。

④将水准尺立于 TP_2 点,旋转望远镜瞄准 TP_2 点之上的水准尺,读取前视读数 b_2 并记录,同时计算高差 $h_2 = a_2 - b_2$。

⑤同法继续沿路线前进,每一测站分别读取后视读数 a_n 和前视读数 b_n。

⑥计算水准测量记录手簿上相应数据。

以上外业观测数据及计算如表 2-1 所示。

最后,可求出点 A 和点 B 间的高差 h_{AB},即

$$h_1 = a_1 - b_1$$

$$h_2 = a_2 - b_2$$

$$\cdots$$

$$h_5 = a_5 - b_5$$

普通水准测量外业记录手簿　　　　　　　　　　　　　　　表 2-1

测站编号	点号	后视读数 a/mm	前视读数 b/mm	高差 h/m	高程 H/m	备注
1	BM_A	1134			59.025	
				-0.543		
2	TP_1	1444	1677			
				$+0.120$		
3	TP_2	1822	1324			
				$+0.946$		
4	TP_3	1820	0876			
				$+0.385$		
5	TP_4	1422	1435			
				$+0.118$		
	BM_B		1304		60.051	
				$+1.026$		
Σ		7642	6616			
辅助计算		$\Sigma a = 7.642\mathrm{m}$　　　$\Sigma b = 6.616\mathrm{m}$ $\Sigma a - \Sigma b = 1.026\mathrm{m}$　　$\Sigma h = +1.026\mathrm{m}$				

将上述各式相加得

$$h_{AB} = \sum h = \sum a - \sum b \qquad (2\text{-}5)$$

$$H_B = H_A + h_{AB} = H_A + \sum a - \sum b \qquad (2\text{-}6)$$

从式(2-5)可以看出，A、B 两点间的高差也等于后视读数之和减去前视读数之和，该式可用于检核高差计算的正确性。

同步训练 2-3

同步训练 2-3
目标：会实施普通水准测量。

四、水准测量外业工作实施过程中的检核

长距离水准测量工作的连续性很强，待测点的高程是通过各转点的高程传递而获得的。若在一个测站的观测中存在错误，则整个水准路线测量成果都会受到影响，所以水准测量的检核是非常重要的。在等外水准测量工作中，可以采用以下两种检核方法。

1. 计算检核

计算检核的目的是及时检核记录手簿中的高差和高程计算中是否有错误。如表 2-1 所示，$\sum a - \sum b = \sum h$ 为观测记录中的计算检核式，若等式成立，则表示计算正确，否则说明计算有错误。

2. 成果检核

在水准测量过程中，存在仪器误差、估读误差、转点位置变动的错误、外界条件影响等，虽然在一个测站上反映不明显，但随着测站数的增多，就会使误差积累，有可能使误差超过限差。因此，为了正确判别一条水准路线的测量成果精度，应进行整个水准路线的成果检核。水准测量成果的精度是根据闭合条件来衡量的，即将路线上观测高差的代数和与路线的理论高差值相比较,用其差值的大小来判别。

图根水准测量的高差闭合差容许值(限差)的规定如下。

平地:

$$f_{h容} = \pm 40\sqrt{L} \qquad (2\text{-}7)$$

山地:

$$f_{h容} = \pm 12\sqrt{n} \qquad (2\text{-}8)$$

式中:$f_{h容}$——高差闭合差限差,mm;

L——水准测量长度,km;

n——测站数。

(1)闭合水准路线

理论上,闭合水准路线各段高差代数和应等于零,即 $\sum h = 0$。若不等于零,便产生了高差闭合差,记为 $f_h = \sum h$,f_h值应不超过规范规定的容许值。

(2)附合水准路线

理论上,附合水准路线各段实测高差的代数和应等于两端水准点间的已知高差值,即 $f_{h理} = H_终 - H_始$,若不相等,则高差闭合差为

$$f_h = \sum h - (H_终 - H_始) \qquad (2\text{-}9)$$

(3)支水准路线

支水准路线本身没有检核条件,通常是用往、返水准测量方法进行路线成果的检核。理论上,往测高差与返测高差应大小相等、符号相反,即 $h_{12} = -h_{21}$。

五、水准测量的误差和注意事项

1. 水准测量的误差

水准测量过程中不可避免地会产生各类误差。因此,需要通过分析水准测量误差产生原因,防止和减少各类误差,提高水准测量成果的质量。

影响水准测量成果的因素主要包括仪器误差、观测误差和外界条件影响等。

(1)仪器误差

①仪器检验和校正后的残余误差。

水准仪在使用前虽然经过了检验与校正,但仍存在检验和校正后的残余误差。而这种误差大多数是系统性误差,可通过在测量中采取一定的方法加以减弱或消除。如图 2-15 所示,仪器的水准管轴与视准轴不严格平行,存在 i 角误差。这种误差的大小与仪器至水准尺之间的距离成正比,因此可以按等距离等影响的原则,在观测中使前、后视距离相等,则由于视线倾斜在前、后视水准尺上所引起的误差相等,即 $\Delta_1 = \Delta_2$,在计算高差时可相互抵消。

②水准尺误差。

水准尺刻划不准确或尺身弯曲引起尺长变化,将直接给读数带来误差。当水准测量的精度

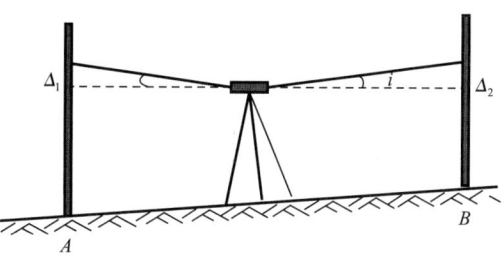

图 2-15 i 角误差

要求较高时,应对水准尺进行检验,对不符合规定要求的水准尺,应停止使用。

若水准尺底端磨损或者底部沾上泥土,则会使尺底的零点位置发生改变,而且施测中使用的一副(两根)尺,尺底磨损又不相同,从而造成一副尺零点不一致的情况。如果在测量中两根尺交替作为后视尺或前视尺,同时在起终点之间采用设置偶数站的方法施测,就可以消除或减弱对高差的影响。

(2)观测误差

①整平误差。

水准测量时,视线的水平是根据水准管气泡居中来判断的。由于人眼在判断气泡居中时会产生一定的误差,致使视线偏离水平位置,从而带来读数误差。因此观测时要仔细精确整平,保证在读数过程中气泡稳定居中。

②读数误差。

在水准尺上估读毫米数的误差与人眼的分辨能力、望远镜的放大率及视距长度有关。减小读数误差的主要措施是提高技术水平,适当控制视距长度,以保证估读精度。

另外,当存在视差时,也会产生读数误差。存在视差时,由于十字丝平面与水准尺影像不重合,若眼睛观察位置不同,便会读出不同的读数,因此在操作中应仔细地进行对光,以消除视差的影响。

③水准尺倾斜误差。

水准尺左右倾斜时,观测者在望远镜内容易发现并能及时纠正,但若前后倾斜,则观测者在望远镜内不易发现。水准尺倾斜将使尺上的读数增大。在外业工作中,立尺者应注意把水准尺立直。

(3)外界条件影响

①地球曲率和大气折光的影响。

地球曲率和大气折光都会对水准尺读数产生影响,且影响的大小与仪器至水准尺之间的距离成正比。因此,在水准测量实施中,只要使前、后视距相等,地球曲率与大气折光的影响将可以被减小或消除。

②温度的影响。

温度的变化不仅会引起大气折光的变化,而且会使水准管气泡不稳定。当仪器受到烈日直接照射时,水准管气泡会向温度高的方向移动,从而影响气泡居中。因此,在烈日下作业时应注意撑伞遮阳。

2. 水准测量的注意事项

在水准测量的外业工作中,应注意以下几方面:安置仪器要稳,防止下沉,防止碰动。安置仪器时尽量使前、后视距相等;不能在水准点(起点和终点)上放置尺垫;观测过程中,手不要扶三脚架;在土质松软地区作业时,应防止仪器下沉、尺垫下沉;读完第一站的前视读数后不能移动尺垫,读完第二站的后视读数后才能移动尺垫。

六、水准仪检验与校正

根据水准测量原理,水准仪必须提供一条水平视线,才能准确测定两点间的高差。因此,如图 2-16 所示,水准仪必须满足以下几个条件:

①圆水准器轴平行于仪器竖轴($L'L' /\!/ VV$);

②十字丝横丝垂直于仪器竖轴;

③视准轴平行于水准管轴($CC /\!/ LL$)。

1. 圆水准器轴平行于仪器竖轴的检验与校正

检校目的:检验圆水准器轴是否平行于仪器的竖轴。若两轴是平行的,则当圆水准器气泡居中时,仪器的竖轴就处于铅垂位置。

检验方法:安置好仪器,气泡居中后,再将仪器绕竖轴旋转$180°$,看气泡是否居中。如果气泡仍居中,说明圆水准器轴平行于竖轴;如果气泡偏离零点,说明两轴不平行。

校正方法:如图2-17所示,转动脚螺旋使气泡向中心方向移动偏离值的一半,再拨动圆水准器校正螺钉使气泡居中。检验与校正难以一次完成,需反复进行,直到仪器旋转到任何位置,圆水准器气泡都居中为止。校正完毕后应注意拧紧固定螺钉。

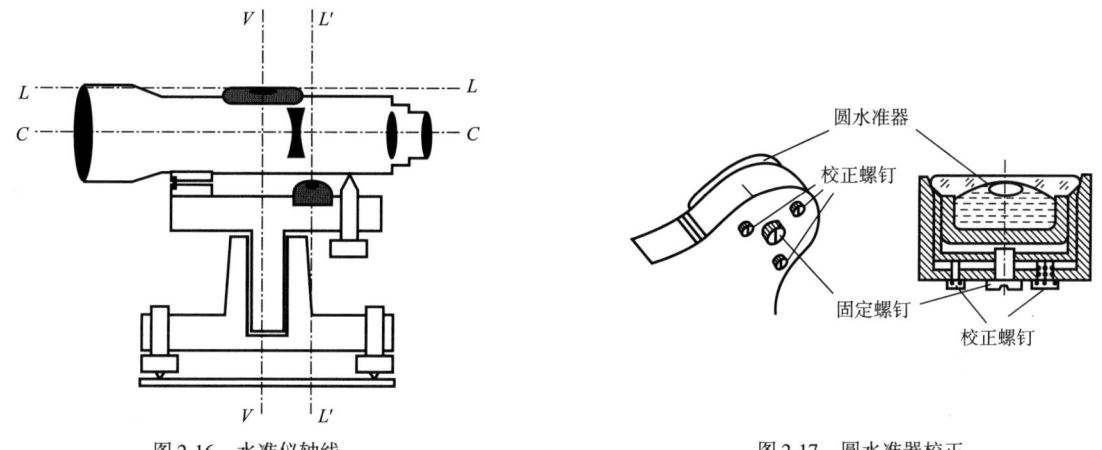

图2-16　水准仪轴线　　　　　　　　　　　图2-17　圆水准器校正

2. 十字丝横丝垂直于仪器竖轴的检验与校正

检校目的:检验十字丝横丝是否垂直于仪器竖轴。若横丝垂直于仪器竖轴,则横丝处于水平位置,根据横丝的任何部位在尺上读数都应该是相同的。

检验方法:整平仪器后,用横丝的一端对准一固定点P,如图2-18a)所示。转动微动螺旋,看点P是否沿着横丝移动。若如图2-18b)所示,则十字丝横丝垂直于竖轴;否则,十字丝横丝不垂直于竖轴,如图2-18c)、d)所示。

校正方法:如图2-18e)、f)所示,旋下目镜处十字丝分划板护罩,转动十字丝校正螺钉,使十字丝与点P的轨迹一致,再将固定螺钉拧紧,旋上护罩。

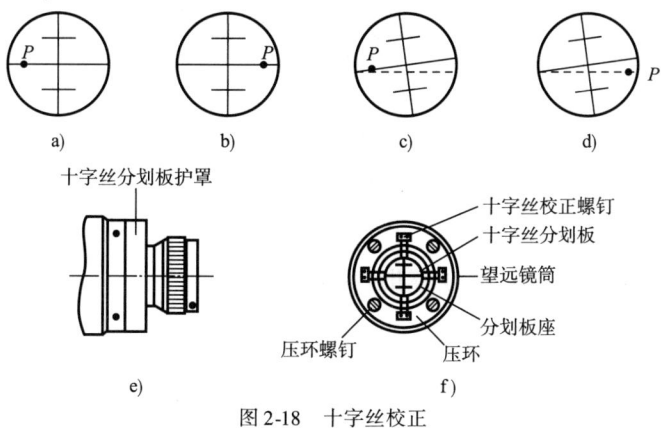

图2-18　十字丝校正

3.视准轴平行于水准管轴的检验与校正

检校目的:检验视准轴是否平行于水准管轴。若两轴是平行的,则当水准管气泡居中时视准轴水平。

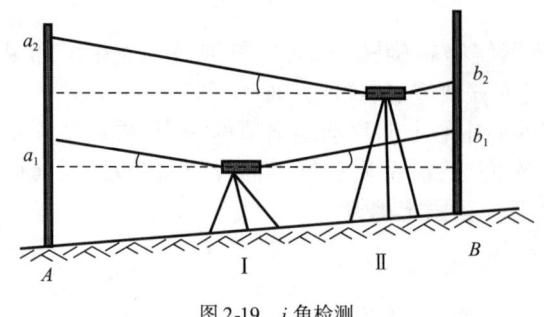

图2-19　*i*角检测

检验方法:如图2-19所示,选择相距75～100m的两点 A、B,在 A、B 两点上各打一个木桩并在上面立尺。水准仪置于距 A、B 两点等距离处的 I 位置,用变换仪器高度法测定 A、B 两点间的高差,两次高差之差不超过 3mm 时可取平均值作为正确高差 h_{AB},即

$$h_{AB} = \frac{a_1' - b_1' + a_1'' - b_1''}{2} \tag{2-10}$$

再把水准仪置于离点 B 3～5m 的 II 位置,精平仪器后读取近尺 B 上的读数 b_2,计算远尺 A 上的正确读数值 a_2:

$$a_2 = b_2 + h_{AB} \tag{2-11}$$

照准远尺 A,旋转微倾螺旋,将水准仪视准轴对准远尺 A 上的读数 a_2,这时,若水准管气泡居中,则说明视准轴与水准管轴平行,否则应进行校正。

校正方法:重新旋转水准仪微倾螺旋,使视准轴对准远尺 A 上的读数 a_2,这时水准管气泡影像错开,即水准管气泡不居中。用校正针先松开水准管左右校正螺旋,再拨动上下两个校正螺钉,先松上(下)边的螺钉,再紧下(上)边的螺钉,直至使水准管气泡居中为止。此项工作要重复进行多次,直至符合要求为止。

同步训练2-4

> **同步训练 2-4**
> 目标:会控制水准测量误差。

任务3　整理水准测量成果

水准测量外业工作结束后,应对水准测量观测手簿进行检查,计算各点间高差。检查无误后,就可以进行水准测量成果整理工作。下面将根据不同形式的水准路线,举例说明整理的方法和步骤。

一、闭合水准路线的水准测量成果整理

BM_A 为已知水准点,高程 $H_A = 5.612m$。水准测量外业工作所得数据如图2-20所示,成果整理如下。

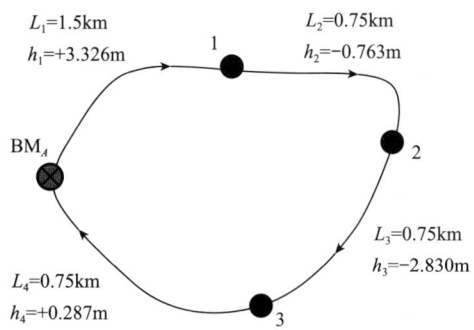

微课视频 2-3
闭合水准路线内业计算

图 2-20 闭合水准路线示例

1. 填入外业观测所得数据

将各测点、各测段距离、实测高差和点 BM_A 已知高程填入水准测量高程调整表相应栏中，如表 2-2 所示。

水准测量高程调整表　　　　　　　　　　　　　　　　　　　　　　表 2-2

点号	距离/km	实测高差/m	改正数/mm	改正后高差/m	高程/m
BM_A					5.612
	1.5	+3.326	−8	+3.318	
1					8.930
	0.75	−0.763	−4	−0.767	
2					8.163
	0.75	−2.830	−4	−2.834	
3					5.329
	0.75	+0.287	−4	+0.283	
BM_A					5.612
Σ	3.75	0.020	−20	0	

辅助计算：$f_h = 0.020\text{m}$；$|f_{h容}| = |\pm 40\sqrt{L}| = |\pm 40\sqrt{3.75}|\text{mm} = 77\text{mm} > |f_h|$，满足要求

2. 计算高差闭合差并判断测量成果的精度

高差闭合差：$f_h = \sum h_{测}$，按此式计算得高差闭合差 $f_h = 0.020\text{m}$。由式（2-7）得，$f_{h容} = \pm 40\sqrt{L} = \pm 40\sqrt{3.75} = \pm 77(\text{mm})$，其精度符合要求。

3. 调整高差闭合差

高差闭合差的调整原则：将高差闭合差 f_h 以相反的符号，按其与测段长度或测站数成正比的原则分配到各段高差中。因此，每千米的高差改正数为

$$-\frac{1}{\sum L} \times f_h = -\frac{1}{3.75} \times 0.020 = -0.0053(\text{m})$$

各测段的改正数按千米数计算，分别填入表 2-2 第 4 列中。高差改正数总和的绝对值应与高差闭合差的绝对值相等。表 2-2 第 3 列的各实测高差分别加改正数后，便得到改正后的

高差,填入第 5 列。

4.推算各点高程

根据水准点 BM_A 的高程 $H_A = 5.612m$,逐点推算出各点的高程,填入第 6 列。

二、附合水准路线的水准测量成果整理

BM_A、BM_B 为已知水准点,高程 $H_A = 5.612m$, $H_B = 5.412m$。外业工作所得数据如图 2-21 所示,成果整理如下。

微课视频 2-4
附合水准路线内业计算

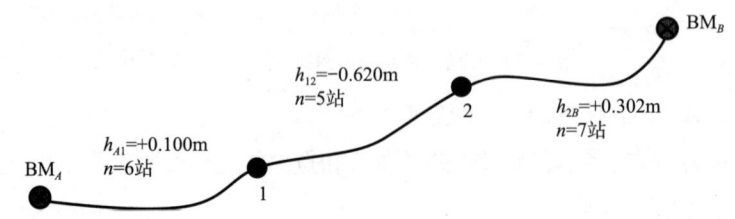

图 2-21　附合水准路线示例

1.填入外业观测所得数据

将各测点、各段测站数、实测高差和 BM_A 点、BM_B 点已知高程填入表 2-3 相应栏中。

水准测量高程调整表　　　　　　　　　　　表 2-3

点号	测站数	实测高差/m	改正数/m	改正后高差/m	高程/m
BM_A	6	+0.100	+0.006	+0.106	5.612
1	5	−0.620	+0.005	−0.615	5.718
2	7	+0.302	+0.007	+0.309	5.103
BM_B					5.412
Σ	18	−0.218	+0.018	−0.018	

辅助计算:$f_h = \sum h_测 - (H_B - H_A) = -0.218 - (5.412 - 5.612) = -0.018(\text{m})$

$|f_{h容}| = |\pm 12\sqrt{n}| = |\pm 12\sqrt{18}| = 51(\text{mm}) > |f_h|$,满足精度要求

每站改正数 $= +0.018/18 = 0.001(\text{m})$

2.计算高差闭合差并判断测量成果的精度

高差闭合差:$f_h = \sum h_测 - (H_B - H_A)$,按此式计算得高差闭合差 $f_h = -0.018m$。由式(2-8)得,$f_{h容} = \pm 12\sqrt{n} = \pm 12\sqrt{18} = \pm 51(\text{mm})$,其精度符合要求。

3.调整高差闭合差

高差闭合差的调整原则同闭合水准路线。因此,每一站的高差改正数为

$$-\frac{1}{\sum n} \cdot f_h = -\frac{1}{18} \times (-0.018) = 0.001(\text{m})$$

各测段的改正数,按测站数计算,分别填入表 2-3 第 4 列中。高差改正数总和的绝对值应与闭合差的绝对值相等。表 2-3 第 3 列的各实测高差分别加改正数后,便得到改正后的高差,填入第 5 列。

4. 推算各点高程

根据水准点 A 的高程 $H_A = 5.612\text{m}$,逐点推算出各点的高程,填入第 6 列,最后算得的点 B 高程应与已知高程 H_B 相等,否则说明高程计算有误。

任务4　建立高程控制网

小区域(测区面积小于 15km^2)高程控制测量的方法主要有水准测量和三角高程测量。如果测区地势比较平坦,可采用四等或图根水准测量,三角高程测量则主要用于山区或丘陵地区的高程测量。图根水准测量的精度低于四等水准测量,用于加密高程控制网与测定图根点的高程。图根水准路线可根据图根点的分布情况,布设成闭合水准路线、附合水准路线等。图根水准点一般可埋设临时标志。图根水准测量通常采用本项目任务 2 中所述方法施测。

微课视频 2-5
三角高程测量原理

四等水准测量除用于建立小区域的首级高程控制网外,还可作为大比例尺测图、工程建设施工区域内的工程测量以及建(构)筑物变形观测的基本控制。四等水准点应埋设永久性标志。四等水准测量多采用双面尺法观测。水准测量主要技术要求如表 2-4 所示,光学水准仪观测的主要技术要求如表 2-5 所示。

水准测量主要技术要求　　　　　　　　　　　　　　　　　　表 2-4

等级	每千米高差全中误差/mm	路线长度/km	水准仪级别	往返较差、附合或环线闭合差	
				平地/mm	山地/mm
二等	2	—	DS_1、DSZ_1	$4\sqrt{L}$	—
三等	6	50	DS_1、DSZ_1	$12\sqrt{L}$	$4\sqrt{n}$
			DS_3、DSZ_3		
四等	10	16	DS_3、DSZ_3	$20\sqrt{L}$	$6\sqrt{n}$
五等	15	—	DS_3、DSZ_3	$30\sqrt{L}$	—

注:L 为往返测段、附合或环线的水准路线长度,km;n 为测站数。

光学水准仪观测的主要技术要求　　　　　　　　　　　　　　表 2-5

等级	水准仪级别	视线长度/m	前后视距差/m	任一测站上前后视距差累积/m	视线离地面最低高度/m	基、辅分划或黑、红面读数较差/mm	基、辅分划或黑、红面所测高差较差/mm
二等	DS_1、DSZ_1	50	1.0	3.0	0.5	0.5	0.7

等级	水准仪级别	视线长度/m	前后视距差/m	任一测站上前后视距差累积/m	视线离地面最低高度/m	基、辅分划或黑、红面读数较差/mm	基、辅分划或黑、红面所测高差较差/mm
三等	DS_1、DSZ_1	100	3.0	6.0	0.3	1.0	1.5
	DS_3、DSZ_3	75				2.0	3.0
四等	DS_3、DSZ_3	100	5.0	10.0	0.2	3.0	5.0
五等	DS_3、DSZ_3	100	近似相等	—	—	—	—

注:1. 二等光学水准测量观测顺序,往测时,奇数站应为后—前—前—后,偶数站应为前—后—后—前;返测时,奇数站应为前—后—后—前,偶数站应为后—前—前—后。

　　2. 三等光学水准测量观测顺序应为后—前—前—后;四等光学水准测量观测顺序应为后—后—前—前。

　　3. 二等水准视线长度小于 20m 时,视线高度不应低于 0.3m。

　　4. 四等水准采用变动仪器高度观测单面水准尺时,所测两次高差较差,应与黑面、红面所测高差之差的要求相同。

一、踏勘选点

选点前,先收集测区已有地形图和高一级控制点的成果资料,并应进行野外踏勘核对,落实点位并建立标志(钉水泥钉并依顺序编号)。选点时应注意:

①相邻点应通视无阻碍;

②点位应选在土质坚实处;

③视野开阔;

④结点之间或结点与高级点之间的路线长度不应大于表 2-4 中规定的 70%;

⑤点位应足够多,分布较均匀。

二、四等水准测量观测方法

(1) 每站的观测

四等水准测量可采用双面尺法,前后尺的尺常数一根为 4.687m,另一根为 4.787m。每一站的观测顺序为:

①照准后视尺黑面,读上、下、中丝(1)、(2)、(3);

②照准后视尺的红面,读中丝(4);

③照准前视尺的黑面,读上、下、中丝(5)、(6)、(7);

④照准前视尺的红面,读中丝(8)。

以上(1)、(2)…(8)表示观测与记录的顺序,如表 2-6 所示。这样的观测顺序,简称为"后—后—前—前"。注意:每次中丝读数前,水准管气泡必须严格居中。

四等水准测量手簿（双面尺法）   表 2-6

测站编号	后尺	上丝 下丝	前尺	上丝 下丝	方向及尺号	水准尺中丝读数		K+黑 −红	平均高差/ m	备注
	后距/m		前距/m			黑面	红面			
	视距差 d/m		∑d/m							
1	(1)		(5)		后	(3)	(4)	(9)		K₄₆ = 4.687
	(2)		(6)		前	(7)	(8)	(10)		
	(11)		(12)		后−前	(15)	(16)	(17)	(18)	
	(13)		(14)							
1	1675		0843		后 47	1482	6269	0		K₄₇ = 4.787
	1289		0459		前 46	0651	5338	0		
	38.6		38.4		后−前	+0831	+0931	0	+0.831	
	+0.2		+0.2							
2	2217		2301		后 46	2025	6712	0		
	1833		1916		前 47	2108	6896	−1		
	38.4		38.5		后−前	−0083	−0184	1	−0.0835	
	−0.1		+0.1							
3	2321		2274		后 47	2118	6905	0		
	1914		1871		前 46	2073	6760	0		
	40.7		40.3		后−前	+0045	+0145	0	+0.045	
	+0.4		+0.5							
4	2017		2193		后 46	1842	6527	2		
	1662		1836		前 47	2015	6802	0		
	35.5		35.7		后−前	−0173	−0275	2	−0.174	
	−0.2		+0.3							
计算校核	∑后视距 = 153.2m ∑前视距 = 152.9m ∑后视距 − ∑前视距 = 0.3m ∑平均高差 = +0.6185m									

（2）每站的计算与检核

每站上的计算，分为视距、高差和检核计算。

①视距计算。

后视距离：（11）＝［（1）−（2）］×100。

前视距离：（12）＝［（5）−（6）］×100。

视距差：（13）＝（11）−（12），规定要求此误差不得大于 5m。

视距累积差：（14）＝（13）本站＋（14）前站，规定要求累积差不得大于 10m。使用倒像仪器，则（11）＝［（2）−（1）］×100，（12）＝［（6）−（5）］×100。

②高差计算。

黑面所测高差:(15) = (3) − (7)。

红面所测高差:(16) = (4) − (8)。

黑红面所测高差之差:(9) = (3) + K − (4);(10) = (7) + K − (8)。

平均高差:$(18) = \frac{1}{2}\{(15) + [(16) \pm 0.1]\}$。

③检核计算。

$$(17) = (15) - [(16) \pm 0.1] = (9) - (10)$$

$$(18) = \frac{1}{2}\{(15) + [(16) \pm 0.1]\} = (15) - \frac{1}{2}(17)$$

每页检核中,当测站为偶数时,有

$$\sum(18) = \frac{1}{2}\{[\sum(3) - \sum(7)] + [\sum(4) - \sum(8)]\}$$

当测站为奇数时,有

$$\sum(18) = \frac{1}{2}\{[\sum(3) - \sum(7)] + [\sum(4) - \sum(8)] \pm 0.1\}$$

距离检核计算为:

$\sum$后距 − $\sum$前距 = $\sum d$;

$\sum d$ 要与本页最后一站的累积差相同。

即问即答 2-2　答案

即问即答 2-2

目标:区分普通水准测量和四等水准测量。

1. 在三、四等水准测量中同一测站黑红面高差之差的理论值为(　　　)mm。

A.0　　　　　　B.100　　　　　　C.4687 或 4787　　　　　D.不确定

2. 水准测量在读数时,上丝读数为1776mm,下丝读数为1470mm,视距为(　　　)。

A.30.6m　　　　B.15.3m　　　　C.61.2m　　　　　D.31.6m

3. 各等级水准测量施测中,注意在连续各测站上安置水准仪的三脚架时,应使其中两脚与水准路线的方向平行,而第三脚(　　　)置于路线方向的左侧与右侧。

A.随意　　　　B.始终　　　　C.轮换　　　　　D.垂直

4. 高差闭合差的分配原则为(　　　)成正比例进行反号分配。

A.与测站数　　　　　　　　　　B.与高差的大小

C.与距离或测站数　　　　　　　D.与高程的大小

5. 附合水准路线高差闭合差的计算公式为(　　　)。

A.$f_h = h_{往} - h_{返}$　　　　　　　B.$f_h = \sum h$

C.$f_h = \sum h - (H_{终} - H_{始})$　　　D.$f_h = H_{终} - H_{始}$

6. 四等水准测量中,黑面高差减红面高差0.1m应不超过(　　　)。

A.2mm　　　　B.3mm　　　　C.5mm　　　　　D.8mm

7. 三、四等水准测量时,若要求每测段测站数为偶数站,主要目的是消除(　　　)。

A.i角误差　　　B.标尺零点差　　　C.读数误差　　　　D.视差

8. 在四等水准测量中,黑面的高差为 -0.073m,红面的高差为 $+0.025\text{m}$,则平均高差是( )m。

    A. -0.024 B. $+0.024$ C. $+0.074$ D. -0.074

9. 一闭合水准路线测量6测站完成,观测高差总和为 $+12\text{mm}$,其中两相邻水准点间2个测站完成,则其高差改正数为( )。

    A. $+4\text{mm}$ B. -4mm C. $+2\text{mm}$ D. -2mm

10. 水准测量计算校核 $\sum h = \sum a - \sum b$ 和 $\sum h = H_{终} - H_{始}$,可分别校核( )是否有误。

    A. 水准点高程、水准尺读数   B. 水准尺读数、记录

    C. 高程计算、高差计算   D. 高差计算、高程计算

项目3
ITEM THREE

平面控制测量

学习目标	**知识目标** 1. 熟悉水平角和竖直角测量的基本原理。 2. 知道全站仪的基本构造,熟悉测角、测边、测三维坐标和三维坐标放样的原理及操作方法。 3. 知道平面控制测量的基本概念和作用。 4. 熟悉导线测量的概念、布设形式和等级技术要求。
	能力目标 1. 熟练安置经纬仪和全站仪。 2. 能用经纬仪或全站仪按照测回法观测水平角和竖直角。 3. 会实施导线测量的外业工作和内业计算。
	素质目标 1. 具备严谨求实、精益求精的工作态度。 2. 具备安全作业的意识。 3. 具备团队协作能力。
工作任务	1. 操作光学经纬仪。 2. 测量水平角和竖直角。 3. 钢尺量距。 4. 认识全站仪。 5. 实施导线测量。

水平角测量和距离测量是确定地面点平面坐标的基本工作。角度测量仪器有光学经纬仪、电子经纬仪、全站仪等。经纬仪不仅可以测量水平角,也可以测量竖直角、距离和高差。水

平角测量和竖直角测量都属于角度测量。本项目主要介绍光学经纬仪、全站仪,以及水平角测量、竖直角测量、距离测量和导线测量等。

任务1　操作光学经纬仪

一、水平角测量原理

水平角是指一点到两个目标点的方向线垂直投影到水平面上所形成的夹角。如图 3-1 所示,A、B、C 为地面上任意三点,将三点沿铅垂线方向投影到同一水平面上,得到相应的 a、b、c 三点,则水平线 ac 和 bc 的夹角 $\angle acb$ 即为 A、B 两点对点 C 所形成的水平角 β。β 数值范围为 $0° \sim 360°$。

微课视频 3-1
水平角测量原理

为了测出水平角 β 的大小,以过点 C 的铅垂线上的任一点 O 为中心,水平放置一按顺时针方向刻划的度盘。过 CA、CB 的竖直面与度盘的交线,在度盘上的读数分别为 m、n,则所求水平角 β 为

$$\beta = n - m \qquad (3-1)$$

综上所述,用于测量水平角的仪器必须满足如下条件:

①具备一个能安置成水平的度盘;

②能使度盘中心位于水平角顶点的铅垂线上;

③有一个能照准不同方向、不同高度目标的望远镜,它不仅能在水平方向旋转,而且能在竖直方向旋转。

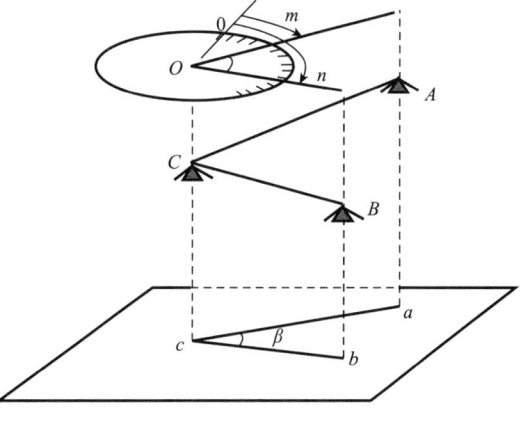

图 3-1　水平角测角原理

经纬仪就是根据上述要求设计制造的一种测角仪器。

光学经纬仪是普通测量中普遍采用的测角仪器。国产光学经纬仪按精度划分为 DJ_{07}、DJ_1、DJ_2、DJ_6 等级别。D、J 分别是大地测量、经纬仪的汉语拼音的首字母,下标 07、1、2、6 表示该仪器一测回方向观测值的中误差,以秒为单位,数字越大,则精度越低。在工程测量中,常用的是 DJ_2 级和 DJ_6 级经纬仪。

二、竖直角测量原理

竖直角是指同一竖直面内观测目标的方向线与水平线之间的夹角,也称为垂直角。竖直角一般用 α 表示。竖直角有正负之分,如图 3-2a)所示,倾斜视线 OB 位于水平线之上,形成仰角 α_B,符号

微课视频 3-2
竖直角测量原理

为正;倾斜视线 OA 位于水平线之下,形成俯角 α_A,符号为负。

如图 3-2b)所示,竖直角与水平角一样,其角值也是度盘上两方向读数之差,所不同的是观测竖直角时两方向中必须有一个是水平线方向。为了测量竖直角,在望远镜旋转轴的一端装一个竖直度盘,该度盘中心与旋转轴中心重合,且随望远镜一起转动。再设置一个固定的读数指标线,由于水平方向的读数是固定的,故只需读出倾斜视线的读数,就可以得出该视线的竖直角。

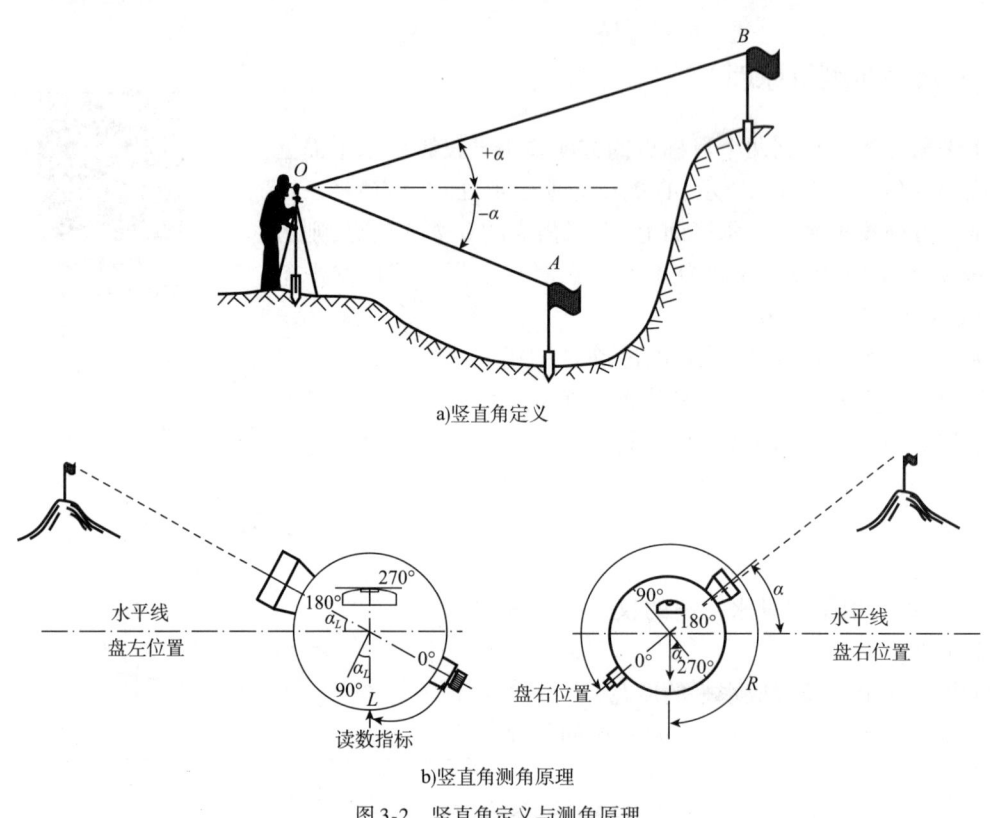

a)竖直角定义

b)竖直角测角原理

图 3-2　竖直角定义与测角原理

同步训练 3-1

> **同步训练 3-1**
> 目标:区别水平角和竖直角。

三、光学经纬仪的构造

DJ_6 光学经纬仪主要由基座、水平度盘、照准部三部分组成,其构造如图 3-3 所示。

1. 基座

基座用来支承整个仪器,并通过中心连接螺旋使经纬仪与脚架连接在一起。连接螺旋下方备有挂垂球的挂钩,以便悬挂垂球;利用它使仪器中心与被测角的顶点位于同一铅垂线上,称为仪器对中。经纬仪还可利用光学对中器来实现仪器对中。光学对中器与垂球相比,具有对点精度高和不受风吹摆动的优点。基座上有三个脚螺旋，用来整平仪器。轴座固定螺旋是用来连接基座和照准部的，使用仪器时，切勿松动该螺旋，以免照准部与基座分离而坠落。基座上还有圆水准器，用来粗平仪器。

2.水平度盘

水平度盘是用光学玻璃制成的圆盘，用来度量水平角。有的经纬仪用变换手轮控制水平度盘的旋转，使其转到所需要的位置上；也有的经纬仪用复测扳钮来控制照准部与水平度盘之间的相对转动。

3.照准部

照准部是经纬仪上部可绕竖轴水平转动的部分。照准部上的制动螺旋用来控制照准部在水平方向的转动，当照准部制动螺旋拧紧后，可利用照准部微动螺旋使照准部在水平方向上作微小转动，以便精确对准目标。照准部上的管水准器用来精平仪器。

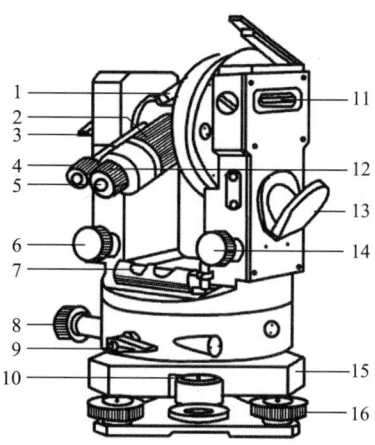

图 3-3　DJ₆ 光学经纬仪的构造

1-望远镜瞄准器；2-物镜对光螺旋；3-望远镜制动螺旋；4-读数显微镜；5-目镜；6-望远镜微动螺旋；7-照准部水准器；8-照准部微动螺旋；9-照准部制动螺旋；10-圆水准器；11-竖盘指标水准管；12-目镜对光螺旋；13-反光镜；14-竖盘指标水准管微动螺旋；15-基座；16-脚螺旋

望远镜通过横轴安置在照准部两侧的支架上，其构造与水准仪望远镜基本相同。望远镜转动时，视线扫出一个竖直面。望远镜制动螺旋用来控制望远镜在竖直方向上的转动。当望远镜制动螺旋拧紧后，可利用望远镜微动螺旋使望远镜在竖直方向上作微小转动，以便精确对准目标。

竖直度盘是用光学玻璃制成的带刻划的圆盘，它固定在横轴的一侧，与望远镜一起绕横轴转动，用来测量竖直角。

读数显微镜用来读取水平度盘和竖直度盘的读数。

四、经纬仪的操作

1.安置仪器

用经纬仪观测角度时，应先将仪器安置在角的顶点上，安置仪器包括对中和整平。对中的目的是使仪器的中心与测站点位于同一铅垂线上；整平的目的是使仪器的竖轴竖直，水平度盘处于水平位置。安置仪器的步骤如下。

（1）初步对中

首先，将三脚架打开，使其高度适中，三脚架架面大致水平，架在测站上。若采用垂球对中，则在连接螺旋下方挂上垂球，移动架脚使垂球尖基本对准测站点，将三脚架各腿踩紧使之稳固。然后装上仪器，旋上连接螺旋（不必紧固），双手扶基座，在架头上移动仪器，使垂球尖准确地对准测站点，再将连接螺旋拧紧。采用垂球对中，对中误差应小于3mm。

当天气有风使用垂球对中困难或要求精确对中时，应使用光学对中器对中，对中误差应小于1mm。光学对中的方法：可根据地形安置好三脚架的一支腿，目估对中后，用光学对中器目镜进行对中器的调焦，使对中器的中心圈影像清晰，调节物镜使地面的影像清晰地出现在对中器内，移动两个架腿，将测站点的影像置于对中器中心圈附近，再将两架腿踩紧使之稳固。

（2）初步整平

运用三脚架架腿的伸缩，粗略整平圆水准器。

（3）精确整平

转动脚螺旋，使照准部水准管气泡居中。其步骤如下：先旋转照准部，使水准管平行于任一对脚螺旋，如图 3-4a）所示，按左手拇指规则两手同时向内（或向外）转动螺旋 1、2，使气泡居中。然后，将照准部旋转 90°，如图 3-4b）所示，转动螺旋 3，使气泡居中。如此重复多次，直到照准部旋转至任何位置气泡都居中。一般要求气泡偏离中点不得超过一格。

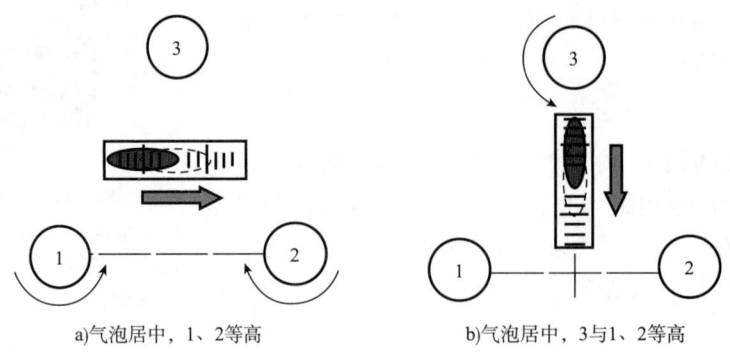

a）气泡居中，1、2等高 b）气泡居中，3与1、2等高

图 3-4 转动脚螺旋整平仪器

（4）精确对中

检查地面点标志是否有偏离。若有小偏离，则稍松中心连接螺旋，在三脚架顶面平移仪器，使其精确对中，最后拧紧中心连接螺旋。

上述对中和整平工作可重复进行多次，直至满足要求。

2. 瞄准

测水平角时，瞄准是指用十字丝的纵丝精确地照准目标。其步骤如下：

①目镜调焦：调节目镜，使十字丝清晰。

②粗瞄准：松开望远镜制动螺旋和照准部制动螺旋，先通过望远镜上的照门和准星（或瞄准器）瞄准目标，使望远镜内能看到目标物像，然后拧紧上述两制动螺旋。

③物镜对光：转动物镜对光螺旋使物像清晰，注意消除视差。

④精确瞄准：旋转望远镜和照准部微动螺旋，使十字丝的纵丝精确地照准目标，如图 3-5 所示。

3. 读数

照准目标后，打开反光镜，并调整其位置，使读数窗内光线均匀明亮。然后进行读数显微镜调焦，使读数窗内分划清晰。最后读取度盘读数并记录。下面介绍 DJ_6 光学经纬仪的读数方法。

光学经纬仪上的水平度盘和竖直度盘都是用光学玻璃制成的圆盘，整个圆周划分为 360°，每度都有注记。度盘分

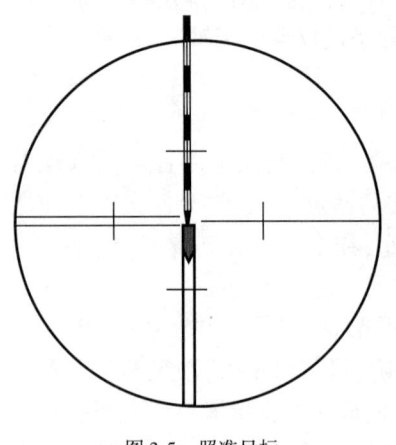

图 3-5 照准目标

划线通过一系列棱镜和透镜成像于望远镜旁的读数显微镜内,观测者用显微镜读取度盘的读数。各种光学经纬仪因读数设备不同,读数方法也不一致。下面主要介绍分微尺测微器及其读数方法。

国产的 DJ_6 光学经纬仪,大多数采用分微尺测微器装置。它结构简单,读数方便、迅速。这类仪器的度盘分划值为 $1°$,读数的主要设备为读数窗上的分微尺。如图 3-6 所示,在读数显微镜中可以看到两个读数窗。“水平”是指水平度盘读数窗,“竖直”是指竖直度盘读数窗,每个度盘上均有分微尺。水平度盘和竖直度盘上 $1°$ 的分划间隔,成像后与分微尺的全长相等。分微尺分成 60 小格,每小格的分划值为 $1'$,可估读到 $0.1'$ 即 $6''$。读数时,度数由落在分微尺上的度盘分划的注记读出,并以该度盘分划线为指标,在分微尺上读出不足 $1°$ 的角值(须估读到秒)。如图 3-6 所示,水平度盘读数为 $73° + 4.2' = 73°04'12''$,竖直度盘读数为 $87° + 6.3' = 87°06'18''$。

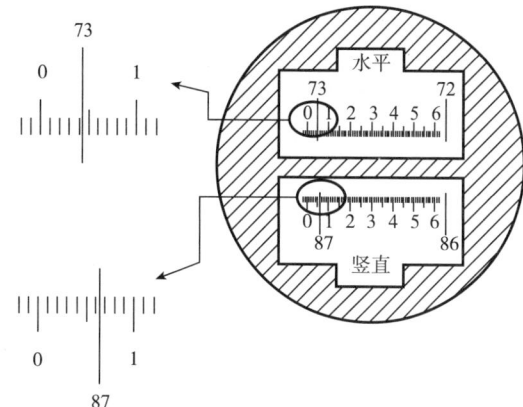

图 3-6　DJ_6 光学经纬仪度盘读数窗

同步训练 3-2

同步训练 3-2
目标:会使用经纬仪。

任务2　测量水平角和竖直角

一、观测水平角

水平角的测量方法一般根据观测目标数量、测角精度和观测时所用的仪器来确定,有测回法、方向观测法(可参考微课视频 3-3)和复测法三种。最常用的方法是测回法,以下仅介绍测回法。

微课视频 3-3
方向观测法观测水平角

微课视频 3-4
测回法观测水平角

测回法适用于观测两个方向之间的单角。如图 3-7 所示,欲测量 $\angle ABC$ 对应的水平角 β,可根据距离的远近,在目标点 A、C 选择垂直竖立的标杆或测钎,安置仪器于测站点 B,使仪器对中、整平后,按以下步骤进行观测。

1. 盘左位置(竖盘处于望远镜左侧时的位置,亦称正镜)

顺时针旋转照准部,瞄准左目标 C,并配置水平度盘读数为略大于 $0°$,读取水平度盘读数 $c_{左}$,记入水平角观测手簿(表 3-1,下同)。然后顺时针旋转照准部,瞄准右目标 A,读取水平度盘读数

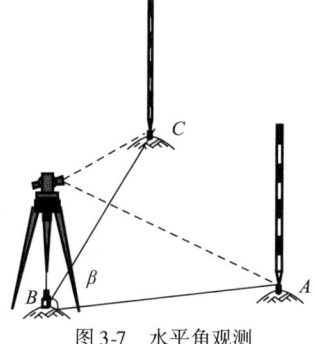
图 3-7　水平角观测

$a_左$，记入水平角观测手簿。盘左位置观测的水平角则为

$$\beta_{B左} = a_左 - c_左 \tag{3-2}$$

以上是上半测回的观测操作。

水平角观测手簿

表 3-1

测站	测回	竖盘位置	照准点	水平度盘读数/ (° ′ ″)	半测回角值/ (° ′ ″)	一测回角值/ (° ′ ″)	各测回平均角值/ (° ′ ″)	备注
B	1	左	C	0　01　00	65　31　18	65　31　27	65　31　20	
			A	65　32　18				
		右	C	180　01　18	65　31　36			
			A	245　32　54				
B	2	左	C	90　02　00	65　31　00	65　31　12		
			A	155　33　00				
		右	C	270　02　36	65　31　24			
			A	335　34　00				

2. 盘右位置（竖盘处于望远镜右侧时的位置，亦称倒镜）

倒转望远镜，先瞄准右目标 A，读取水平度盘读数 $a_右$，记入水平角观测手簿。然后逆时针旋转照准部，瞄准左目标 C，读取水平度盘读数 $c_右$。盘右位置观测的水平角则为

$$\beta_{B右} = a_右 - c_右 \tag{3-3}$$

以上是下半测回的观测操作。

盘左和盘右两个半测回合称为一个测回。对于 DJ_6 光学经纬仪，当两个半测回测得的角值之差 $\Delta\beta$ 不超过 $40''$ 时，取上、下两个半测回角值的平均值作为一测回的角值 β，即

$$\beta_B = \frac{1}{2}(\beta_{B左} + \beta_{B右}) \tag{3-4}$$

当测角精度要求较高时，往往需要观测多个测回。为了减小度盘分划误差的影响，各测回应改变起始方向读数，变换值为 $180°/n$，n 为测回数。例如，测回数 $n = 3$ 时，各测回起始方向读数应等于或略大于 $0°$、$60°$、$120°$。用 DJ_6 光学经纬仪进行观测时，各测回角值之差不得超过 $24''$，否则需要重测。

二、观测竖直角

1. 竖直角计算

DJ_6 光学经纬仪的竖直度盘相关部件包括竖直度盘（简称竖盘）、竖盘读数指标、竖盘指标水准管和竖盘指标水准管微动螺旋。竖盘读数指标与竖盘指标水准管连接在一个微动架上，转动竖盘指标水准管微动螺旋，可使指标在竖直面内作微小移动。当竖盘指标水准管气泡居中时，竖盘读数指标就处于正确位置。光学经纬仪的竖盘是一个玻璃圆盘，按 $0° \sim 360°$ 分划全圆注记，注记方向有顺时针和逆时针两种类型，下面以广泛采用的顺时针注记类型为例进行介绍。如图 3-8 所示，当竖盘指标水准管气泡居中，且望远镜视线水平时，竖盘读数为 $90°$ 或 $270°$。

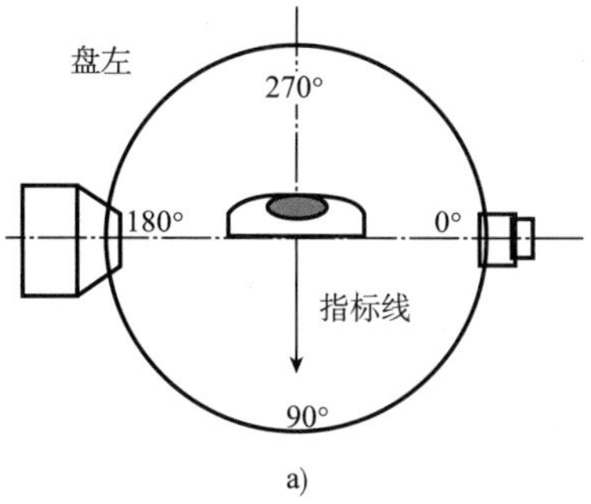

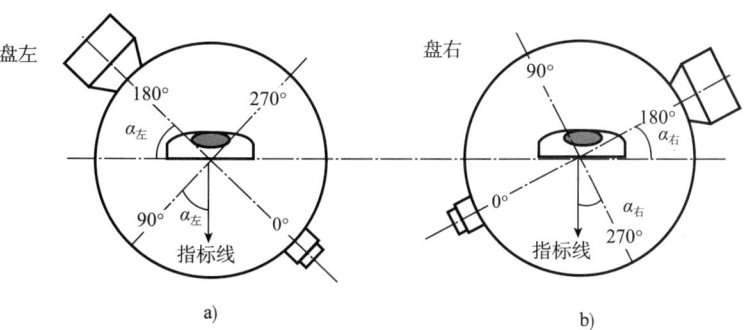

图 3-8　竖盘刻度注记

由竖直角测量原理可知,竖直角等于视线倾斜时的目标读数与视线水平时的整读数之差。下面推导顺时针注记的竖直角计算公式。

盘左位置:如图 3-9a)所示,视线上仰时,盘左目标读数 L 小于 $90°$,而视线水平时竖盘读数为 $90°$,即读数减小,则盘左竖直角为

$$\alpha_{左} = 90° - L \qquad (3-5)$$

式中:L——竖盘盘左读数。

盘右位置:如图 3-9b)所示,视线上仰时,盘右目标读数 R 大于 $270°$,而视线水平时竖盘读数为 $270°$,即读数变大,则盘右竖直角为

$$\alpha_{右} = R - 270° \qquad (3-6)$$

式中:R——竖盘盘右读数。

由于存在测量误差,常取一测回竖角为

$$\alpha = \frac{1}{2}(\alpha_{左} + \alpha_{右}) \qquad (3-7)$$

图 3-9　竖盘读数与竖直角的计算

2. 竖盘指标差

上述竖直角计算是假定视线水平竖盘指标水准管气泡居中时,读数指标处于正确位置,即正好指向 $90°$ 或 $270°$。事实上,读数指标往往是偏离正确位置的,即与正确位置相差一个小角度 x,该角值称为竖盘指标差,简称指标差。指标差可由下式计算:

$$x = \frac{1}{2}(\alpha_{右} - \alpha_{左}) = \frac{1}{2}(R + L - 360°) \qquad (3-8)$$

指标差本身有正负号，一般规定当竖盘读数指标偏离方向与竖盘注记方向一致时，x 取正号，反之 x 取负号，如图3-10所示。

3. 竖直角观测步骤

竖直角的观测往往应用于三角高程测量。如图3-11所示，竖直角的观测步骤如下：

①在测站点 A 安置好仪器，并在目标点 B 竖立标杆；

②以盘左位置瞄准目标，使十字丝中丝精确地切准目标点；

③调节竖盘指标水准管微动螺旋，使竖盘指标水准管气泡居中，并读取竖盘读数 L，记入竖直角观测手簿，如表3-2所示；

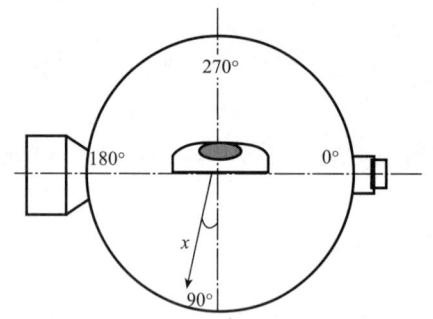
图 3-10　竖盘指标差

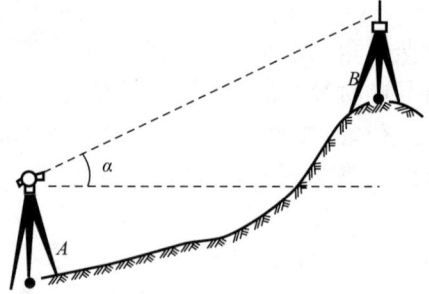
图 3-11　竖直角观测

竖直角观测手簿　　　　　　　　　　　　　　　　表 3-2

测站点名	照准点名	竖盘位置	竖盘读数/ （° ′ ″）	半测回角值/ （° ′ ″）	竖盘指标差/ （″）	一测回角值/ （° ′ ″）
A	B	左	55　03　30	34　56　30	12	34　56　42
		右	304　56　54	34　56　54		

④盘右位置同上法瞄准原目标相同部位，调节竖盘指标水准管气泡居中，并读取竖盘读数 R，记入竖直角观测手簿；

⑤该仪器竖盘为顺时针注记，故根据式(3-5)~式(3-7)计算 $\alpha_左$、$\alpha_右$ 及平均值 α。

即问即答 3-1　答案

即问即答 3-1

目标：会用测回法观测水平角和竖直角。

1. 采用经纬仪盘右进行水平角观测，瞄准观测方向左侧目标水平度盘读数为 $145°03′24″$，瞄准右侧目标读数为 $34°01′42″$，则该半测回测得的水平角值为(　　)。

　　A. $111°01′42″$　　　　B. $248°58′18″$　　　　C. $179°05′06″$　　　　D. $-111°01′42″$

2. 用测回法观测某水平角一测回，上半测回角值为 $102°28′13″$，下半测回角值为 $102°28′20″$，则一测回角值为(　　)。

　　A. $102°28′07″$　　　　B. $102°28′17″$　　　　C. $102°28′16″$　　　　D. $102°28′33″$

3. 利用经纬仪测量竖直角时，盘左位置抬高望远镜的物镜，若竖直度盘的读数逐渐增大，则下列竖直角的计算公式正确的是(　　)。

A. $\alpha_{左} = L - 90°$ $\alpha_{右} = 270° - R$ B. $\alpha_{左} = 90° - L$ $\alpha_{右} = R - 270°$

C. $\alpha_{左} = L - 90°$ $\alpha_{右} = R - 270°$ D. $\alpha_{左} = L - 90°$ $\alpha_{右} = R - 180°$

4. 用经纬仪瞄准目标P,盘左盘右的竖盘读数分别为$81°47'24''$和$278°12'24''$,其竖盘指标差x是（　　　）。

A. $-06''$ B. $+06''$ C. $-12''$ D. $+12''$

三、水平角观测误差和注意事项

水平角测量的误差主要由仪器误差、观测误差和外界条件的影响等因素造成。分析这些因素并找出其减小的方法,可以大大提高水平角观测质量。

1. 仪器误差

仪器误差有仪器加工装配不完善而引起的度盘刻划误差,度盘分划中心和照准部旋转中心不重合而引起的度盘偏心误差,视准轴不垂直于横轴而产生的测角误差,横轴不垂直于竖轴而产生的测角误差等。度盘刻划误差可通过在不同的度盘位置测角来减小它的影响。度盘偏心误差可采用盘左、盘右观测取平均值的方法来消除或减弱。另外,视准轴不垂直于横轴产生的误差和横轴不垂直于竖轴产生的误差也可采用盘左、盘右观测取平均值的方法予以消除或减弱。

2. 观测误差

水平角观测误差主要有对中误差、整平误差、目标偏心误差、照准误差和读数误差等。

对中误差的大小与测站点到目标点的距离成反比,也与所观测的水平角大小有关。观测短边和接近$180°$的水平角时,要特别注意仪器对中精度。

整平误差是在仪器整平时水准管气泡不严格居中,导致竖轴倾斜而引起的测角误差。该误差不能通过一定的观测方法来消除,因此在观测时应特别注意仪器的整平,严格使水准管气泡居中。

目标偏心误差是由仪器所照准的目标点偏离地面标志点中心的铅垂线所引起的。目标偏心误差的大小与目标偏心距成正比,与边长成反比,与所观测的水平角大小也有关。为了减小目标偏心误差对水平角观测的影响,当用标杆作为观测标志时,标杆应竖直,且尽量瞄准标杆的底部。当目标较近,又不能瞄准其最下部时,可用悬吊垂球线作为观测标志。

照准误差与望远镜的放大率有关,也与人的分辨能力,目标的形状与大小、亮度、颜色以及清晰度有关。在观测水平角时,除适当选择一定放大率的经纬仪外,还应尽量选择适宜的标志、有利的观测气候条件和观测时间,以减少照准误差的影响。

读数误差主要取决于仪器的读数设备,另外也与观测者的经验、照明亮度和清晰度有关。对于DJ_6光学经纬仪,用分微尺测微器读数,一般估读误差不超过分微尺上最小分划的十分之一,即不超过$\pm6''$。

3. 外界条件的影响

外界条件的影响有很多,如大风、松软的土质会影响仪器的稳定,大气的透明度会影响照准精度,温度的变化会影响仪器的整平等。在观测中要完全避免这些影响是不可能的,只能通过选择有利的观测时间和条件,尽量避开不利因素,使其对观测的影响降低到最低程度。例如,安置仪器时要踩实三脚架;阳光下(特别是夏季)观测时要撑伞,不让阳光直射仪器等。

四、经纬仪检验与校正

经纬仪在使用之前应当经过检验,必要时还需要对可调部件进行校正。经纬仪检验和校正的内容较多,但通常只进行主要轴线间几何关系的检校。

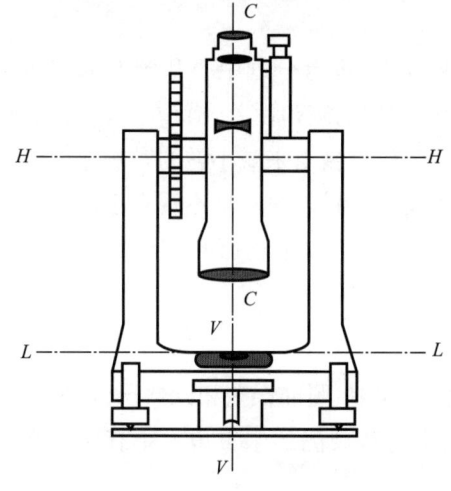

图3-12　经纬仪的轴线

如图 3-12 所示,经纬仪的主要轴线有仪器旋转轴(即竖轴)VV、照准部水准管轴 LL、望远镜旋转轴(即横轴)HH 和望远镜视准轴 CC。各轴线之间应满足的几何条件如下:

①照准部水准管轴应垂直于竖轴($LL \perp VV$);

②望远镜十字丝竖丝应垂直于横轴;

③望远镜视准轴应垂直于横轴($CC \perp HH$);

④横轴应垂直于竖轴($HH \perp VV$)。

除以上条件外,经纬仪一般还应满足竖盘指标差为零、光学对中器的光学垂线与仪器竖轴重合等条件。

仪器在出厂时,一般能满足以上条件,但由于在搬运或长期使用过程中振动、碰撞等原因,各项性能往往会发生变化,因此在使用仪器作业前,必须对仪器进行检验与校正,即使新仪器也不例外。

1. 照准部水准管轴垂直于竖轴的检验与校正

检验目的:使照准部水准管轴垂直于竖轴。

检验方法:将仪器大致整平,然后转动照准部使水准管平行于一对脚螺旋的连线,调整这一对脚螺旋,使水准管气泡居中。将照准部旋转 180°,若气泡仍然居中,则表示条件满足,否则应进行校正。

校正:用校正针拨动水准管校正螺钉,使水准管的一端抬高或降低,让气泡退回偏离中点的一半,另一半调整脚螺旋使其居中。此操作须反复进行,直至水准管不论转到哪个方向,气泡偏离中央都不超过半格为止。

经纬仪基座上圆水准器的检验与校正是在照准部水准管校正好后进行的,利用水准管将仪器整平。若圆水准器气泡居中,说明圆水准器位置正确,不必校正;若气泡不居中,可拨动圆水准器校正螺钉,使气泡居中。

2. 十字丝竖丝垂直于横轴的检验与校正

检验目的:使十字丝竖丝垂直于横轴。

检验方法:将仪器整平,使望远镜十字丝交点对准远方一点目标 P,拧紧度盘制动螺旋,然后转动望远镜微动螺旋,使其上下微动。如图 3-13 所示,若该点始终都在竖丝上移动,则表示条件满足;若偏离竖丝,说明竖丝不垂直于横轴。

校正:松开十字丝的两相邻校正螺钉,并转动十字丝环使竖丝始终处于竖直位置。校正完毕后,将松动的校正螺钉拧紧。

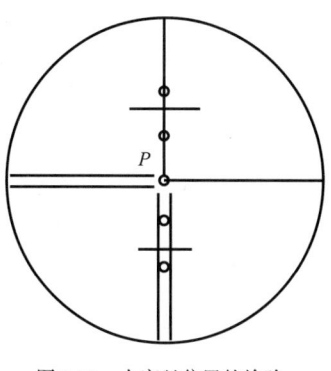

图 3-13 十字丝位置的检验

3. 视准轴垂直于横轴的检验与校正

检验目的:使视准轴垂直于横轴。视准轴不垂直于横轴所偏离的角度 C 称为视准轴误差。具有视准轴误差的望远镜绕横轴旋转时,视准轴扫出的面不是一个竖直平面,而是一个圆锥面。

检验方法:如图 3-14 所示,选一块长为 60～100m 的平坦场地,在一端设置一点 A,在另一端点 B 横置一把有毫米分划的直尺,直尺要大致与 AB 方向垂直。安置仪器于 A、B 两点中间,并使三者的高度接近。用望远镜十字丝中心对准点 A,固定照准部及水平度盘,倒转望远镜读出直尺上的读数 B'。转动照准部 180°,重新瞄准点 A,再倒转望远镜读出直尺上的读数 B'',如 B'、B'' 读数相同,则说明视准轴与横轴垂直,否则条件不满足,应进行校正。

校正:用十字丝竖丝进行校正,即将左右两个十字丝校正螺钉一松一紧,使竖丝从 B'' 移至 B''',$B''B'''$ 为两次读数差的 1/4。此操作必须重复进行,直到条件满足。

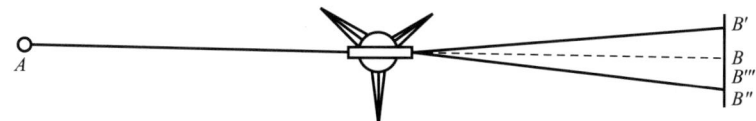

图 3-14 视准轴误差的检验

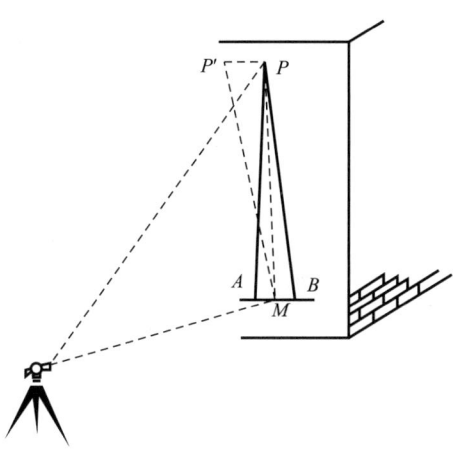

图 3-15 横轴误差的检验

4. 横轴垂直于竖轴的检验与校正

检验目的:使横轴垂直于竖轴。当仪器整平后,若竖轴竖直而横轴不水平,则望远镜绕横轴旋转时,视准轴扫出的是一个倾斜面而不是竖直面。因此,在瞄准同一竖直面内高度不同的目标时,将会得到不同的水平度盘读数,从而影响测角精度,必须进行检校。

检验方法:如图 3-15 所示,在离建筑物 10～30m 处安置仪器,在建筑物上固定一直尺,使其大致垂直于视平面,并应与仪器高度大致相同。使望远镜向上倾斜 30°～40°,用望远镜十字丝的交点照准建筑物高处一固定点 P,固定照准部,使其在水平方向不能转动。然后将望远镜置于水平位置，根据十字丝交点在墙壁上定出一点 A。在盘右位置瞄准点 P，固定照准部，将望远镜置于水平位置，根据十字丝交点在墙壁上定出一点 B。若 A、B 点不相同，则说明横轴不垂直于竖轴，应进行校正。

校正：取 A、B 的中点 M，在盘左（或盘右）位置精确照准点 M，然后固定照准部，抬高望远镜，这时十字丝纵丝必不通过点 M，而偏向点 P'，用校正针拨动支架上横轴校正螺钉，改变支架高度，即抬高或降低横轴的一端，使十字丝交点对准点 P。此操作也须反复多次进行。

同步训练 3-3

> **同步训练 3-3**
> 目标：理解角度观测误差来源。

任务3 钢尺量距

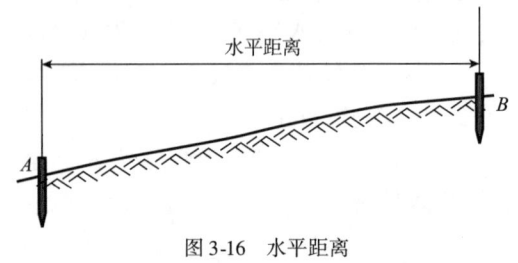

图 3-16 水平距离

测量中常需测量两点间的水平距离，所谓水平距离是指地面上两点垂直投影到水平面上的直线距离，如图 3-16 所示。实际工作中，需要测定距离的两点一般不在同一水平面上，沿地面直接测量所得距离往往是倾斜距离，需将其换算为水平距离。测定距离的方法有钢尺量距、视距测量、光电测距等。下面主要介绍钢尺量距。

一、钢尺量距的工具

钢尺量距的工具主要有钢尺、测钎、标杆等，如图 3-17 所示。

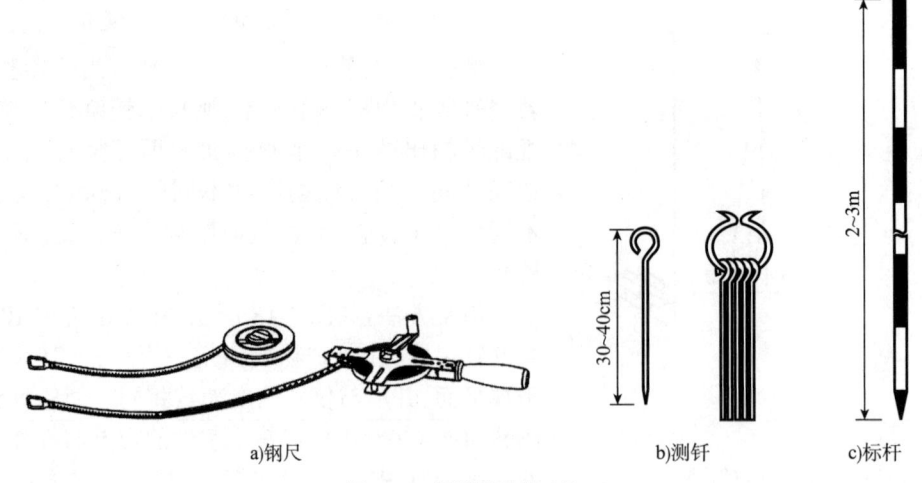

a)钢尺   b)测钎   c)标杆

图 3-17 钢尺量距的工具

钢尺也称钢卷尺,有架装和盒装两种。尺宽 1~1.5cm,厚 0.2~0.4mm,长度有 20m、30m、50m 等。

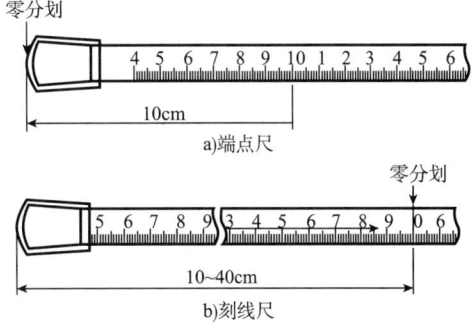

由于尺的零点位置不同,因此有端点尺和刻线尺的区别。如图 3-18a) 所示,端点尺以尺的最外端为尺的零点,从建筑物墙边量距比较方便。如图 3-18b) 所示,刻线尺以尺前端的一刻线作为尺的零点,使用时注意区别。

图 3-18 钢卷尺及其分划注记

钢尺抗拉强度高,不易拉伸,因此在工程测量中常用钢尺量距。但是钢尺性脆,容易折断和生锈,使用时要避免扭折、受潮湿和车轧。

测钎,又称测针,用来标定所量距离每尺段的起终点和计算整尺段数。

标杆,又称花杆,用来显示点位和标定直线的方向。

二、钢尺量距的具体方法及注意事项

1. 直线定线

在用钢尺进行量距时,若地面上两点间的距离超过一整尺段,或地势起伏较大,此时要在直线方向上设立若干点,将全长分成几个等于或小于尺长的分段,以便分段丈量,这项工作称为直线定线。在一般距离测量中常用目视定线,而在量距精度要求较高时,可采用经纬仪定线。

(1)目视定线

如图 3-19 所示,设有互相通视的 A、B 两点,若要在 A、B 两点间的直线上标定出 1、2…点,应先在 A、B 两点上竖立标杆,甲站在点 A 标杆后约 1m 处,乙手持标杆站在两点之间需定点的位置,甲负责指挥乙左右移动,直到乙所持的标杆与 A、B 两点上的标杆成一直线为止。

图 3-19 两点间的目视定线

(2)经纬仪定线

当量距精度要求较高时,应采用经纬仪定线。如图 3-20 所示,欲在 A、B 两点间精确定出 1、2…点的位置,可将经纬仪安置于点 A,用望远镜瞄准点 B,固定照准部制动螺旋,然后将望远镜向下俯视,将十字丝交点投到木桩上,并钉小钉以确定出 1 点的位置,同法可定出其余各点。

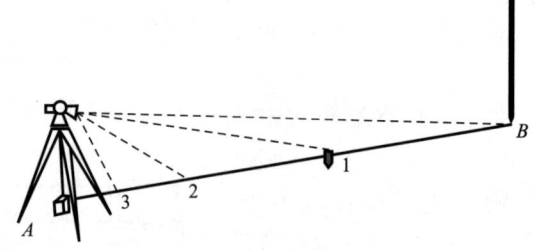

图 3-20　两点间的经纬仪定线

同步训练 3-4

同步训练 3-4

目标：理解钢尺量距方法。

2. 平坦地面的丈量

（1）往测

平坦地面的丈量工作，需由 A 至 B 沿地面逐个标出整尺段位置，以及丈量末端不足整尺段的余长，具体丈量方法如下：依量距前进方向分前后尺手，后尺手执尺之零端，将零点对准点 A 标记；前尺手持尺盖并携花杆和测钎，沿 AB 方向前进，行至一尺段处停下，听从后尺手指挥左右移动标杆，直至垂直定位在 AB 方向线上，拉紧钢尺，在后尺手叫"预备——好"时，迅速在整尺段注记处插下测钎，此为一尺段。然后两位尺手同时提前进。当后尺手行至测钎处叫停，同上法再量第二尺段，量距后，后尺手将测钎收起。依次测量其后各尺段，到最后一个不足整尺的尺段时，前尺手将尺上某一整厘米分划对准点 B 标记，后尺手在尺的零端附近读出测钎处精确的厘米及毫米数，两数相减即为余长。后尺手所收测钎数即为整尺数，整尺数乘尺长加余长即得 AB 距离。

（2）返测

为了检核和提高测量精度，还应由点 B 按同样的方法量至点 A，称为返测。前后尺手同时转向由点 B 向点 A 方向量距，测计方法同往测。

（3）记录计算

将数据记录到钢尺量距手簿，如表 3-3 所示。

钢尺量距手簿（尺长：30m）　　　　　表 3-3

线段	往测长度/m		返测长度/m		|往－返|/ m	平均长度/m	相对精度
	尺段数	余长	尺段数	余长			
AB	3	25.601	3	25.592	0.009	115.596	1/12800
	115.601		115.592				
BC	3	17.232	3	17.207	0.025	107.220	1/4300
	107.232		107.207				

用往返测距离丈量之差的绝对值 $|\Delta D|$ 与往返测距离平均值 $\overline{D}$ 之比来衡量测距的精度。通常将该比值化为分子为 1 的分数形式，称为相对误差，用 K 表示，即

$$K = \frac{\left| D_{往} - D_{返} \right|}{\dfrac{D_{往} + D_{返}}{2}} = \frac{\left| D_{往} - D_{返} \right|}{\overline{D}} = \frac{1}{\overline{D}/\left| D_{往} - D_{返} \right|} \tag{3-9}$$

当量距相对误差符合精度要求时,取往、返两次丈量结果平均值作为 AB 的距离,否则,应重测。

$$D_{AB} = \overline{D} = \frac{D_{往} + D_{返}}{2} \tag{3-10}$$

钢尺量距的相对误差一般不应超过 1/3000,在量距较困难的地区,其相对误差也不应超过 1/1000。

3. 倾斜地面的丈量

(1)平量法

如图 3-21 所示,当地面坡度或高低起伏较大时,可采用平量法丈量距离。丈量时,后尺手将钢尺的零点对准点 A,前尺手沿 AB 直线将钢尺前端抬高,必要时尺段中间有一托尺,目估使尺子水平,地面点与悬空的钢尺间的对应关系通过悬挂锤球来解决,然后用锤球尖将尺段的末端投于地面上,再插以测钎,此点即为点 1。此时,锤球线在尺子上指示的读数即为点 A 和点 1 间的水平距离。同法继续丈量其余各尺段。当丈量至点 B 时,应注意锤球尖必须对准点 B。为了方便丈量工作,平量法往返测均应由高向低丈量。精度符合要求后,取往返丈量之平均值作为最后结果。

(2)斜量法

如图 3-22 所示,当倾斜地面的坡度较大且变化较均匀时,可以沿斜坡丈量出 A、B 两点间的斜距 L_{AB},并测出地面倾斜角 α 或 A、B 两点的高差 h_{AB},按下式计算 AB 的水平距离:

$$D_{AB} = \sqrt{L_{AB}^2 - h_{AB}^2} = L_{AB}\cos\alpha_{AB} \tag{3-11}$$

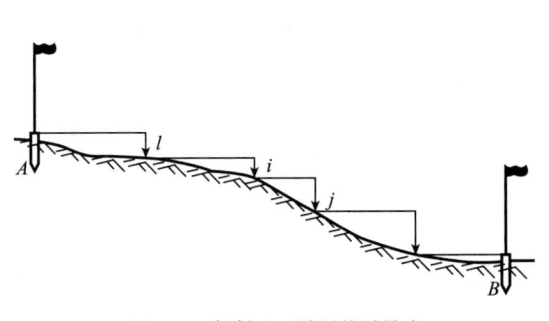

图 3-21　倾斜地面量距的平量法

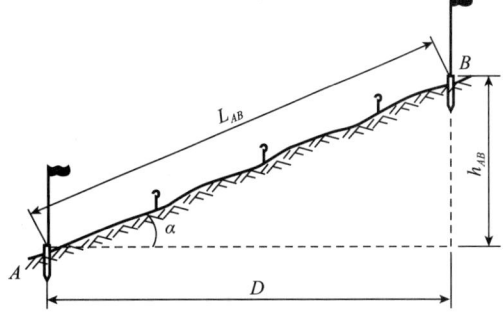

图 3-22　倾斜地面量距的斜量法

4. 钢尺量距误差及注意事项

任何测量工作都不可避免地存在误差,钢尺量距也是如此。钢尺量距的误差主要来源于尺长误差、温度变化误差、拉力误差、钢尺不水平误差、定线误差、丈量本身误差等。分析这些误差并采取相应措施可消除或减小对量距的影响。

（1）尺长误差

用钢尺名义长度计算丈量的结果，因名义长度与实际长度不符，就会产生尺长误差，而且距离越长，反映越明显。对量距精度要求高时要加尺长改正。

（2）温度变化误差

钢尺长度随着环境温度的变化也会发生变化。当量距时的温度与检定温度不同时，会产生此误差。需要指出的是，丈量时的空气温度与地面温度往往是不一样的，尤其是夏天在水泥地面上丈量时，钢尺和空气的温度相差很大。为减小这一误差的影响，量距工作宜选择在温度变化较小的阴天进行。

（3）拉力误差

钢尺长度随拉力的增大而变长，当量距时施加的拉力与检定时施加的拉力不同时，会产生拉力误差。因此，量距时应施加检定时的标准拉力。但在一般丈量时，只要用手保持拉力即可满足精度要求，而作较精确丈量时，需使用弹簧秤控制拉力。

（4）钢尺不水平误差

直接丈量水平距离时，钢尺应尽量水平，否则会产生距离增长的误差。

（5）定线误差

当丈量的两点间距离超过一个整尺段时，需要进行定线。若定线有误差，将直线量成一条折线，实际上距离就量长了。对于一般量距，用目视定线可以满足要求。

（6）丈量本身误差

钢尺两端点刻划与地面标志点未对准所产生的误差、插测钎误差、估读误差等都属于丈量本身误差。这一误差系偶然误差，无法完全消除，作业时应尽量仔细认真对待。

即问即答 3-2　答案

即问即答 3-2

目标：理解钢尺量距成果表达及钢尺量距误差。

1. 用钢尺进行一般方法量距，其测量精度一般能达到(　　　)。

    A. $1/10 \sim 1/50$　　　B. $1/200 \sim 1/300$　　　C. $1/1000 \sim 1/3000$　　　D. $1/10000 \sim 1/40000$

2. 往返丈量一段距离，D 均等于 184.480m，往返距离之差为 ± 0.04m，其精度为(　　　)。

    A. 0.00022　　　B. 4/18448　　　C. 22×10.4　　　D. 1/4612

3. 用钢尺量距时，量得倾斜距离为 123.456m，直线两端高差为 1.987m，则倾斜改正数为(　　　)m。

    A. -0.016m　　　B. $+0.016$m　　　C. -0.032m　　　D. $+1.987$m

4. 用尺长方程式为 $l_t = 30 - 0.0024 + 0.0000125 \times 30 \times (t - 20℃)$（m）的钢尺丈量某段距离，量得结果为 121.409m，则尺长改正数为(　　　)m。

    A. -0.0097　　　B. -0.0024　　　C. $+0.0097$　　　D. $+0.0024$

5. 用尺长方程式为 $l_t = 30 - 0.0024 + 0.0000125 \times 30(t - 20℃)$（m）的钢尺丈量某段距离，量得结果为 121.409m，丈量时温度为 28℃，则温度改正数为(　　　)m。

    A. 0　　　B. $+0.0424$　　　C. -0.121　　　D. $+0.0121$

任务4 认识全站仪

一、全站仪的构造简介

全站仪是全站型电子速测仪的简称。全站仪和电子经纬仪均由照准部、基座、水平度盘等部分组成,同样采用编码度盘或光栅度盘,读数方式为电子显示,有功能操作键及电源,还配有数据通信接口。不同之处是全站仪的功能键更丰富,它不仅能测角度还能测距离,并能显示坐标以及一些更复杂的数据。

全站仪有许多型号,其外形、体积、质量、性能各不相同。图 3-23 为拓普康 GTS-100N 型全站仪。

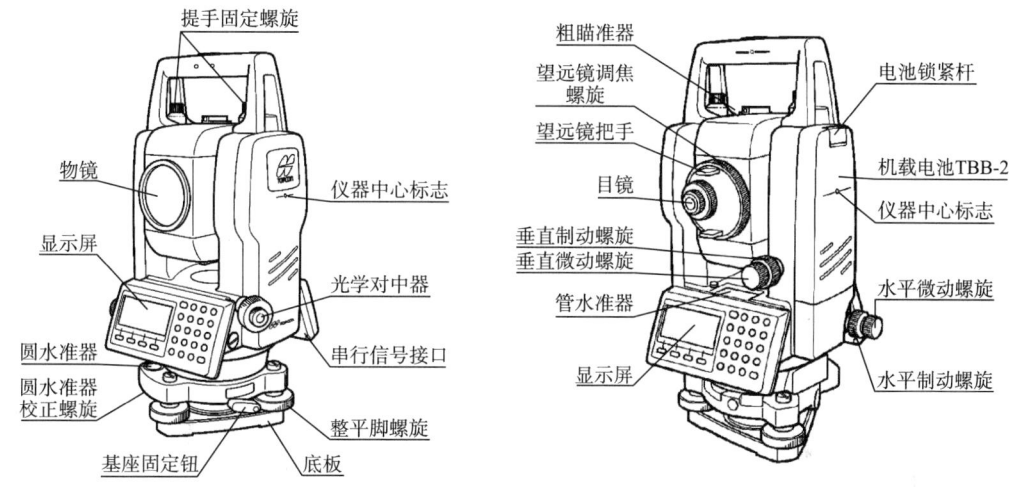

图 3-23   拓普康 GTS-100N 型全站仪

二、测量前的准备工作

1. 仪器开箱和存放

开箱:轻轻地放下箱子,让其盖朝上,打开箱子的锁栓,开箱盖,取出仪器。

存放:盖好望远镜镜盖,使照准部的垂直制动螺旋和基座的水准器朝上,将仪器平卧(望远镜物镜端朝下)放入箱中,轻轻拧紧垂直制动螺旋,盖好箱盖,并关上锁栓。

2. 仪器的安置

将仪器安装在三脚架上,精确整平和对中,以保证测量成果的精度。在两观测点 A、B 分别安置棱镜。

仪器安置架设完毕,打开电源开关,即可开始测量。全站仪的生产厂家不同,仪器型号不同,其测量功能和操作都略有不同。下面仅简单介绍全站仪的常规测量功能,详细测量功能和操作方法请参考各种不同型号全站仪的使用说明。

微课视频3-5
全站仪的基本使用

三、全站仪的基本测量功能

1. 角度测量

①在基本测量屏中按〈角度〉键进入角度观测功能。

②在盘左瞄准左目标 A,按〈零〉键,使水平度盘读数显示为 $0°00′00″$,顺时针旋转照准部,瞄准右目标 B,读取显示读数。

③同样方法可以进行盘右观测。

④如要测竖直角,可在读取水平度盘读数的同时读取竖盘的显示读数。

2. 距离测量

①从显示屏上确定是否处于距离测量模式,若不是,则按相应操作键转换为距离模式。

②照准棱镜中心,这时显示屏上能显示箭头前进的动画,前进结束则完成测量,得出距离,HD 为水平距离,SD 为倾斜距离。

3. 坐标测量

①从显示屏上确定是否处于坐标测量模式,若不是,则按相应操作键转换为坐标模式。

②输入本站点及后视点坐标,以及仪器高、棱镜高。

③瞄准棱镜中心,这时显示屏上能显示箭头前进的动画,前进结束则完成坐标测量,得出点的坐标。

4. 距离放样

①在待放样距离的起点安置仪器,开机并选择菜单下的测量模式,也可跳过此操作直接进入下一步。

②选择放样功能,进入放样距离值的输入界面。

③照准目标点棱镜,显示观测值与预设值的差值;若差值为零,则放样完成。

5. 坐标放样

①在测站点安置仪器并开机。

②选择菜单下的内存管理模式,将放样过程中所需的坐标数据输入并存入坐标数据文件。如果坐标数据未被存入内存,也可在放样过程中从键盘输入坐标。

③选择菜单下的坐标放样模式,并选择坐标数据文件,可进行测站坐标数据及后视坐标数据的调用。

④置测站点。

即问即答3-3　答案

⑤置后视点,确定方位角。

⑥输入所需的放样坐标,开始放样。

即问即答 3-3

目标:会使用全站仪。

1. 用全站仪进行距离或坐标测量前,需设置正确的大气改正数,设置的方法可以是直接输入测量时的气温和(   )。

A. 气压　　　　　B. 湿度　　　　　C. 海拔　　　　　D. 风力

2. 全站仪的核镜常数一般设置为(   )。

A. −10　　　　　B. −15　　　　　C. −20　　　　　D. −30 或 0

3. 当全站仪在角度测量中设置为左角测量时,全站仪的度盘计数增加方向是(   )。

A. 顺时针　　　　B. 逆时针　　　　C. 左方向　　　　D. 右方向

4. 全站仪可以同时测出水平角、斜距和(   ),并通过仪器内部的微机计算出有关的结果。

A. Δy、Δx　　　B. 竖直角　　　　C. 高程　　　　　D. 方位角

5. 全站仪的主要技术指标有最大测程、测角精度、放大倍率和(   )。

A. 最小测程　　　　　　　　　B. 自动化和信息化程度

C. 测距精度　　　　　　　　　D. 缩小倍率

任务5　实施导线测量

一、平面控制测量

测量工作必须遵循"从整体到局部,由高级到低级,先控制后碎部"的原则,即先在全测区范围内,选定若干个具有控制作用的点位,组成一定的几何图形,即建立控制网,以较精确的方法,测定这些点位的平面位置和高程,然后根据控制网进行碎部测量和测设。测定控制点的工作,称为控制测量。控制测量分为平面控制测量和高程控制测量。高程控制测量是测定控制点的高程(H),测量方法在项目 2 中已介绍,在此不再重复。平面控制测量是测定控制点的平面位置(x,y),下面介绍平面控制测量。

平面控制网的建立,可采用卫星定位测量、导线测量、三角网测量等方法。图 3-24 所示为国家平面控制一等三角网、二等三角网,按控制次序和先高级后低级,逐级加密的原则建立。其中,一等三角网是国家平面控制网的骨干,二等三角网设于一等三角网内,是国家平面控制

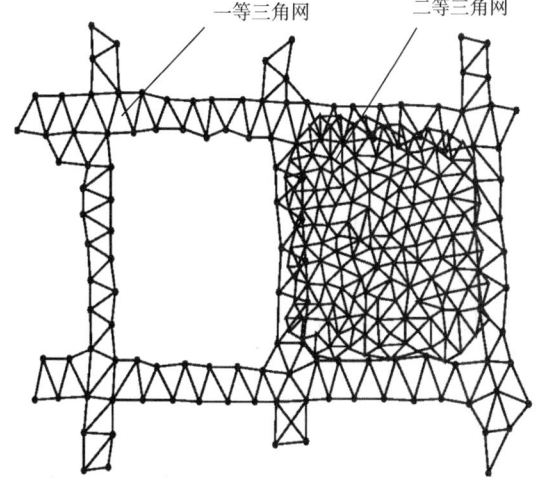

图 3-24　国家平面控制一等三角网、二等三角网

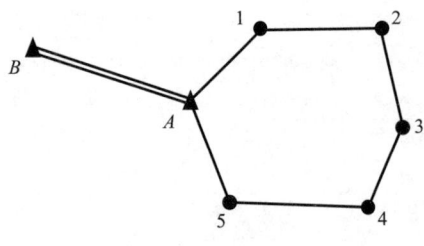

图 3-25　导线网

网的全面基础。如图 3-25 所示,可以用导线测量方法建立控制网,将控制点 A、1、2、3、4、5 用折线连接起来,测量各边的边长和各转折角,由起算边 BA 的起始数据,可以计算出 1、2、3、4、5 点的坐标。用三角网测量和导线测量的方法测定的平面控制点分别称为三角点和导线点。

在工程测量中,平面控制网可按精度划分为等和级两种规格,由高向低依次宜为二、三、四等和一、二、三级。卫星定位测量可用于二、三、四等和一、二级控制网的建立,导线测量可用于三、四等和一、二、三级控制网的建立,三角网测量可用于二、三、四等和一、二级控制网的建立。本书主要介绍导线测量。

二、导线测量

将测区内的相邻控制点连成直线而构成的折线图形称为导线。导线测量就是依次测定导线边的长度和各转折角,根据起始数据,即可求出各导线点的坐标。导线测量是建立小地区平面控制网的主要方法,特别适用于地物分布比较复杂的城市建筑区,通视较困难的隐蔽地区、带状地区,以及地下工程等控制点的测量。

在城市或厂矿等地区,一般应在国家控制点的基础上,根据测区的大小、城市规划和施工测量的要求,布设不同等级的平面控制网,以供测绘大比例尺地形图及施工测量使用。

各等级导线测量的主要技术要求应符合表 3-4 的规定,各等级控制网边长测距的主要技术要求应符合表 3-5 的规定。

各等级导线测量的主要技术要求　　　　　　　　　　　　　　　　表 3-4

等级	导线长度/ km	平均边长/ km	测角中误差/ (″)	测距中误差/ mm	测距相对中误差	测回数				方位角闭合差/ (″)	导线全长相对闭合差
						0.5″级仪器	1″级仪器	2″级仪器	6″级仪器		
三等	14	3	1.8	20	1/150000	4	6	10	—	$3.6\sqrt{n}$	≤1/55000
四等	9	1.5	2.5	18	1/80000	2	4	6	—	$5\sqrt{n}$	≤1/35000
一级	4	0.5	5	15	1/30000	—	—	2	4	$10\sqrt{n}$	≤1/15000
二级	2.4	2.25	8	15	1/14000	—	—	1	3	$16\sqrt{n}$	≤1/10000
三级	1.2	0.1	12	15	1/7000	—	—	1	2	$24\sqrt{n}$	≤1/5000

注:1. n 为测站数;

　　2. 当测区测图的最大比例尺为 1:1000 时,一、二、三级导线的导线长度、平均边长可放长,但最大长度不应大于表中规定相应长度的 2 倍。

各等级控制网边长测距的主要技术要求　　　　　　　　　　　　　表 3-5

平面控制网等级	仪器精度等级	每边测回数		一测回读数较差/mm	单程各测回较差/mm	往返测距较差/mm
		往	返			
三等	5mm 级仪器	3	3	≤5	≤7	$≤2(\alpha+bD)$
	10mm 级仪器	4	4	≤10	≤15	
四等	5mm 级仪器	2	2	≤5	≤7	
	10mm 级仪器	3	3	≤10	≤15	

续上表

平面控制网等级	仪器精度等级	每边测回数		一测回读数较差/mm	单程各测回较差/mm	往返测距较差/mm
		往	返			
一级	10mm 级仪器	2	—	≤10	≤15	—
二、三级	10mm 级仪器	1	—	≤10	≤15	

注:1. 一测回是全站仪盘左、盘右各测量 1 次的过程;
2. 困难情况下,测边可采取不同时间段测量代替往返观测;
3. α 为全站仪标称的测距固定误差,mm;
4. b 为全站仪标称的测距比例误差系数,mm/km;
5. D 为测距长度,km。

当导线平均边长较短时,应控制导线边数不超过表 3-4 相应等级导线长度和平均边长算得的边数。当导线长度小于表 3-4 规定长度的 1/3 时,导线全长的绝对闭合差不应大于 0.13m。导线网中结点与结点、结点与高级点之间的导线段长度,不应大于表 3-4 相应等级规定长度的 70% 。

导线测量中,水平角观测宜采用方向观测法,水平角方向观测法的技术要求应符合表 3-6 的规定,当观测方向不多于 3 个时,可不归零。

水平角方向观测法的技术要求　　　　　　　　　表 3-6

等级	仪器精度等级	半测回归零差限差/(″)	一测回内 $2c$ 互差限差/(″)	同一方向值各测回较差限差/(″)
四等及以上	0.5″级仪器	≤3	≤5	≤3
	1″级仪器	≤6	≤9	≤6
	2″级仪器	≤8	≤13	≤9
一级及以下	2″级仪器	≤12	≤18	≤12
	6″级仪器	≤18	—	≤24

注:当某观测方向的垂直角超过 ±3″的范围时,一测回内 $2c$ 互差可按相邻测回同方向进行比较,比较值应满足表中一测回内 $2c$ 互差的限值。

1. 导线测量的布设形式

根据测区的地形及测区内控制点的分布,导线布设形式可分为下列三种。

(1)闭合导线

如图 3-26 所示,从已知控制点出发,经过导线点 1、2、3、4、5、6 后回到点 1,组成一个闭合多边形,称为闭合导线。闭合导线的优点是图形本身有着严密的几何条件,具有检核作用。

(2)附合导线

如图 3-27 所示,从已知控制点 A、B 出发,经过导线点 1、2、3、4,最后附合到另两个已知控制点 C、D,构成一条折线形的导线,称为附合导线。附合导线的优点是具有检核观测成果的作用。

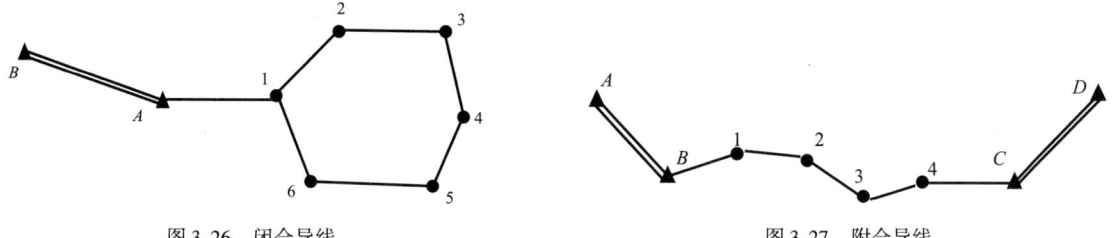

图 3-26　闭合导线　　　　　　　　　　　　　　图 3-27　附合导线

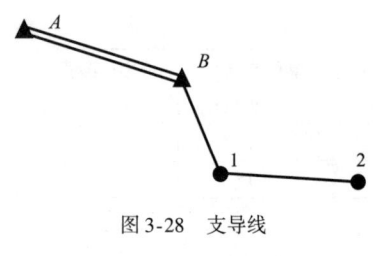

图 3-28　支导线

（3）支导线

如图 3-28 所示，从已知控制点 *A*、*B* 出发，既不闭合原已知点，也不附合另一已知点的导线，称为支导线。由于支导线没有检核，因此，边数一般不超过 4 条。

上面三种导线布设形式中，附合导线较严密，闭合导线次之，支导线只在个别情况下的短距离时使用。

2. 导线测量的外业工作

导线测量的外业工作包括踏勘选点、量边、测角和连测等。

（1）踏勘选点及建立标志

选点前，应先调查收集有关地形图和控制点的资料，并在图上规划导线的布设方案，然后踏勘现场，根据测区的范围、地形条件、已有的控制点和施工要求，合理地选定导线点。选导线点时，应注意以下要求：相邻导线点间通视良好，地势较平坦，便于测角和量距；导线点应选在土质坚实、便于保存标志和安置仪器的地方；尽量选在视野开阔处，以便施测碎部；导线各边的长度应尽可能大致相等，其平均边长应符合表 3-4 中的规定；导线点应有足够的密度，分布均匀合理，便于控制整个测区。

导线点选定后，一般可用临时性标志将其固定。一般在每个点位上打入一个大木桩，桩顶钉一小钉，周围浇筑混凝土，如图 3-29 所示。如果导线点需要长期保存，应埋设混凝土桩或石桩，桩顶刻一"十"字，以"十"字的交点作为点位的标志，如图 3-30 所示。导线点建立完后，应统一编号。

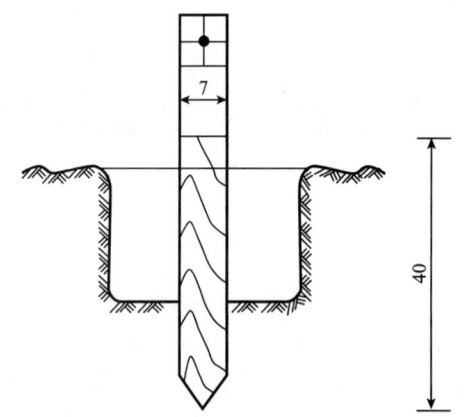

图 3-29　临时性导线点（尺寸单位：cm）

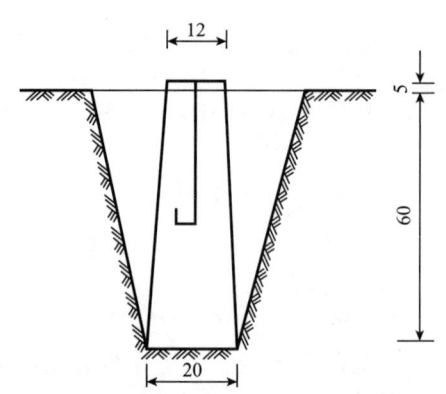

图 3-30　永久性导线点（尺寸单位：cm）

（2）量边

导线边长可以用光电测距仪测定，也可以用检定过的钢尺进行丈量，有关要求如表 3-5 所示。对于图根导线应往返丈量一次。

（3）测角

导线的转折角有左角（位于导线前进方向左侧的角）和右角（位于导线前进方向右侧的角）之分。对于附合导线，通常观测左角；对于闭合导线，应观测其内角。图根导线测量一般用 DJ$_6$ 光学经纬仪观测一测回，盘左、盘右测得角值互差要小于 40″，取其平均值作为最后结果。

（4）连测

为了使测区的导线点坐标与国家或地区坐标系统相统一，应取得坐标、方位角的起算数据，布设的导线应与高一级控制点进行连测。连接方式有直接连接和间接连接两种，图 3-25 为直接连接，只需测量连接角 $\angle BA1$。图 3-26 为间接连接，需要测量连接距离 D_{A1} 和连接角 $\angle BA1$、$\angle A12$。连测时，角度和距离的精度均应比实测导线高一个等级。

同步训练 3-5

同步训练 3-5
目标：会实施导线测量。

3. 导线测量的内业计算

导线测量的内业计算的目的就是根据已知的起始数据和外业的观测成果计算出导线点的坐标。进行内业计算之前，要仔细校核所有外业成果有无遗漏、记错、算错，成果是否都符合精度要求，保证原始资料的准确性。然后绘制导线略图，在相应位置注明已知数据及观测数据，以便进行导线的计算。

（1）直线定向和坐标方位角的概念

确定地面上两点的相对位置，仅知道两点间的水平距离是不够的，还必须确定此直线与标准方向之间的水平角度。确定一条直线与标准方向之间的水平角度，称为直线定向。直线定向时，常用坐标纵轴方向。测量平面直角坐标系中的纵轴（x 轴）方向线，称为该点的坐标纵轴方向。由标准方向的北端起，顺时针方向量到某一直线的夹角，称为该直线的方位角，取值范围为 $0° \sim 360°$。坐标方位角由坐标纵轴方向的北端起，顺时针量到直线间的夹角，称为该直线的坐标方位角，常简称方位角，用 α 表示。一条直线有正反两个方向，我们把直线前进方向称为直线的正方向。如图 3-31 所示，以点 1 为起点、点 2 为终点的直线 12，其坐标方位角为 α_{12}，称为直线 12 的正方位角。而直线 21 的坐标方位角为 α_{21}，称为直线 12 的反坐标方位角。由图 3-31 中可以看出一条直线正、反坐标方位角相差 $180°$，即

$$\alpha_{21} = \alpha_{12} \pm 180° \tag{3-12}$$

（2）导线坐标计算的概念

①坐标正算。如图 3-32 所示，由已知点 1 坐标 (x_1, y_1)、边长 D_{12} 和该边的坐标方位角 α_{12}，求未知点 2 的坐标 (x_2, y_2)，称为坐标正算。

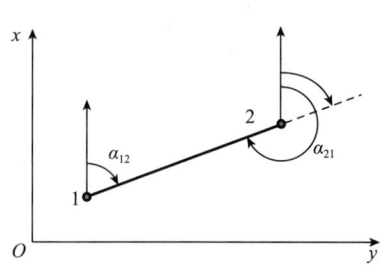

图 3-31　直线的坐标方位角

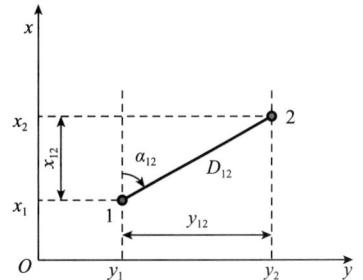

图 3-32　导线坐标增量与导线点坐标推算

直线两端点的坐标之差，称为坐标增量。

直线 12 坐标增量的计算公式为

$$\begin{cases} \Delta x_{12} = x_2 - x_1 \\ \Delta y_{12} = y_2 - y_1 \end{cases} \tag{3-13}$$

而由图 3-32 的几何关系有

$$\begin{cases} \Delta x_{12} = D_{12}\cos\alpha_{12} \\ \Delta y_{12} = D_{12}\sin\alpha_{12} \end{cases} \tag{3-14}$$

坐标增量有方向，有正、负之分，其正、负号由 $\cos\alpha_{12}$、$\sin\alpha_{12}$ 的正负号决定，即由 α_{12} 所在的象限决定。

根据点 1 的坐标及算得的坐标增量，得点 2 的坐标为

$$\begin{cases} x_2 = x_1 + \Delta x_{12} \\ y_2 = y_1 + \Delta y_{12} \end{cases} \tag{3-15}$$

②坐标反算。如图 3-32 所示，假设已知点 1 和点 2 的坐标，求其坐标方位角 α_{12} 和边长 D_{12}，称为坐标反算。导线测量中的已知边的方位角一般是根据坐标反算求得的。另外，在施工前也需要按坐标反算求出放样数据。

坐标反算公式如下：

$$D_{12} = \sqrt{\Delta x_{12}^2 + \Delta y_{12}^2} \tag{3-16}$$

$$\alpha_{12} = \arctan\frac{\Delta y_{12}}{\Delta x_{12}} \tag{3-17}$$

微课视频 3-6
闭合导线内业计算

注意：α_{12} 所在的象限应根据 Δx_{12}、Δy_{12} 的正负号判断。

（3）闭合导线坐标的计算

①将校核过的已知数据和观测数据填入闭合导线坐标计算表中相应栏内，如表 3-7 所示。

②角度闭合差的计算和调整：闭合导线组成一个闭合多边形，并观测了多边形的各个内角，应满足内角的理论值，即

$$\sum\beta_{理} = (n-2) \times 180° \tag{3-18}$$

由于观测角不可避免地含有误差，因此实测角的内角之和 $\sum\beta_{测}$ 不等于理论值，从而产生了角度闭合差 f_β，即

$$f_\beta = \sum\beta_{测} - \sum\beta_{理} \tag{3-19}$$

导线角度闭合差的容许值 $f_{\beta容}$ 见表 3-4 中方位角闭合差。若 f_β 超过 $f_{\beta容}$，则说明所测角度不符合要求，应重新检测角度。若 f_β 不超过 $f_{\beta容}$，可将闭合差反符号平均分配到各观测角中。改正后的内角之和应为 $(n-2)\times180°$，作为计算校核。

③推算各边坐标方位角。

根据起始边的坐标方位角和改正后的内角推算其余各边坐标方位角的公式为

$$\alpha_{前} = \alpha_{后} + \beta_{左} \pm 180° \tag{3-20}$$

$$\alpha_{前} = \alpha_{后} - \beta_{右} \pm 180° \tag{3-21}$$

计算时，算出的方位角若大于 360°，则应减去 360°；若为负值，则应加 360°。

闭合导线各边的坐标方位角计算完后，最终还要推算回起始边上，看其是否与原来的坐标方位角相等，以此作为计算检核。

闭合导线坐标计算表

表 3-7

点名	角度观测值（右）/(° ′ ″)	改正后角值/(° ′ ″)	坐标方位角/(° ′ ″)	边长/m	坐标增量/m Δx	坐标增量/m Δy	改正后坐标增量/m Δx̂	改正后坐标增量/m Δŷ	坐标/m x	坐标/m y
A			48 43 18	115.10	−2 +75.93	+2 +86.50	+75.91	+86.52	536.27	328.74
1	+12 97 03 00	97 03 12	131 40 06	100.09	−2 −66.54	+2 +74.77	−66.56	+74.79	612.18	415.26
2	+12 105 17 06	105 17 18	206 22 48	108.32	−2 −97.06	+2 −48.13	−97.06	−48.11	545.62	490.05
3	+12 101 46 24	101 46 36	284 36 12	94.38	−2 +23.78	+1 −91.33	+23.78	−91.32	448.56	441.94
4	+12 123 30 06	123 30 18	341 05 54	67.58	−1 +63.94	+1 −21.89	+63.93	−21.88	472.34	350.62
A	+12 112 22 24	112 22 36	48 43 18						536.27	328.74
1				485.47	+0.09	−0.08	0	0		
Σ	539 59 00	540 00 00								

辅助计算

$f_\beta = \sum\beta_测 - \sum\beta_理 = -60''$ 导线全长闭合差 $f_D = \sqrt{f_x^2 + f_y^2} = 0.120\text{m}$

$f_{\beta容} = \pm 60''\sqrt{5} = \pm 134''$ 导线全长相对闭合差 $K = \dfrac{1}{\sum D/f_D} = \dfrac{1}{4000}$

$\begin{cases} f_x = \sum\Delta x_测 = +0.09\text{m} \\ f_y = \sum\Delta y_测 = -0.08\text{m} \end{cases}$ 导线全长闭合差容许值 $K_容 = \dfrac{1}{2000}$

因此，精度符合要求

④坐标增量的计算及其闭合差的调整。

欲求待定点的坐标，必须先求出各边的坐标增量。坐标增量可由式(3-14)计算得到，即

$$\begin{cases} \Delta x_{ij} = D_{ij}\cos\alpha_{ij} \\ \Delta y_{ij} = D_{ij}\sin\alpha_{ij} \end{cases} \tag{3-22}$$

对于闭合导线，各边的纵、横坐标增量代数和的理论值应等于零，即

$$\begin{cases} \sum \Delta x_{理} = 0 \\ \sum \Delta y_{理} = 0 \end{cases} \tag{3-23}$$

实际上，量边的误差和角度闭合差调整后的残余误差，往往使 $\sum \Delta x_{12测}$、$\sum \Delta y_{12测}$ 不等于零，而产生纵坐标增量闭合差 f_x 和横坐标增量闭合差 f_y，即

$$\begin{cases} f_x = \sum \Delta x_{测} - \sum \Delta x_{理} = \sum \Delta x_{测} \\ f_y = \sum \Delta y_{测} - \sum \Delta y_{理} = \sum \Delta y_{测} \end{cases} \tag{3-24}$$

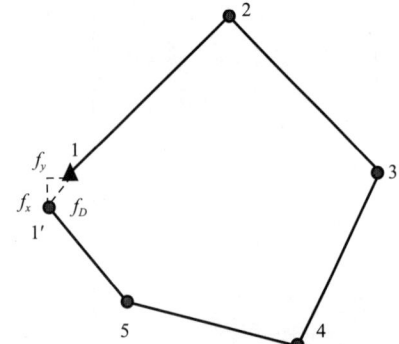

图 3-33　闭合导线坐标增量闭合差

如图 3-33 所示，坐标增量闭合差的存在，使导线不能闭合，$11'$ 的长度 f_D 称为导线全长闭合差，并用下式计算：

$$f_D = \sqrt{f_x^2 + f_y^2} \tag{3-25}$$

令

$$K = \frac{f_D}{\sum D} = \frac{1}{\sum D / f_D} \tag{3-26}$$

K 为导线全长相对闭合差。不同等级的导线全长闭合差容许值 $K_{容}$ 见表 3-4 中的导线全长相对闭合差。若 K 超过 $K_{容}$，说明成果不合格，应检查内业计算有无错误，然后检查外业观测结果，必要时重测。若 K 不超过 $K_{容}$，说明成果符合精度要求，可以进行调整，即将 f_x 和 f_y 反号按边长成正比分配到各边的纵、横坐标增量中去。以 V_{xi}、V_{yi} 分别表示第 i 边的纵、横坐标增量改正数，即

$$\begin{cases} V_{xi} = -\dfrac{f_x}{\sum D}D_i \\ V_{yi} = -\dfrac{f_y}{\sum D}D_i \end{cases} \tag{3-27}$$

纵、横坐标增量改正数之和应满足下式：

$$\begin{cases} \sum V_x = -f_x \\ \sum V_y = -f_y \end{cases} \tag{3-28}$$

将算出的增量、改正数填入表 3-7。各边增量加改正数，即得到各边改正后的增量。改正后纵、横坐标增量的代数和应分别等于零，以作计算校核。

⑤计算各点坐标。

由起点的已知坐标及改正后的坐标增量，用下式可依次推算出其余各点坐标：

$$\begin{cases} x_{前} = x_{后} + \Delta\hat{x} \\ y_{前} = y_{后} + \Delta\hat{y} \end{cases} \tag{3-29}$$

（4）附合导线坐标的计算

附合导线的坐标计算步骤与闭合导线基本相同,仅由于两者路线不同,因此角度闭合差和坐标增量闭合差的计算稍有不同,下面着重介绍不同点。

①角度闭合差的计算和调整。

设有如图 3-34 所示附合导线,根据起始边已知坐标方位角 α_{AB} 及观测的左角,可以计算出终边 CD 的坐标方位角 α'_{CD}。

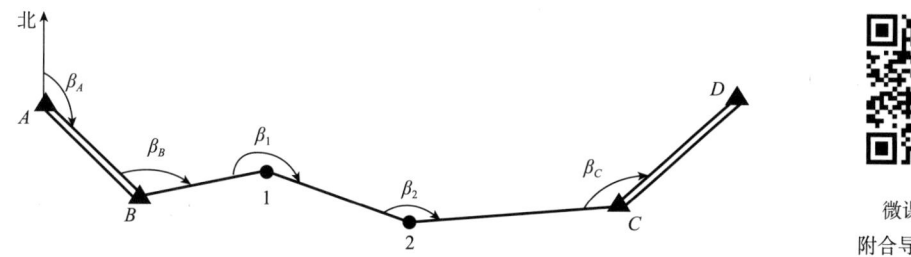

微课视频 3-7
附合导线内业计算

图 3-34　附合导线角度测量

因为
$$\alpha_{B1} = \alpha_{AB} + \beta_B + 180°$$
$$\alpha_{12} = \alpha_{B1} + \beta_1 + 180°$$
$$\alpha_{2C} = \alpha_{12} + \beta_2 + 180°$$
$$\alpha'_{CD} = \alpha_{2C} + \beta_C + 180°$$

所以
$$\alpha'_{CD} = \alpha_{AB} + \sum\beta_{测} + 4 \times 180°$$

写成一般公式为
$$\alpha'_{终} = \alpha_{始} + \sum\beta_{测} + n \times 180° \tag{3-30}$$

若观测右角,则按下式计算:
$$\alpha'_{终} = \alpha_{始} - \sum\beta_{测} + n \times 180° \tag{3-31}$$

角度闭合差 f_β 用下式计算:
$$f_\beta = \alpha'_{终} - \alpha_{终} \tag{3-32}$$

若 f_β 不超过 $f_{\beta容}$,可将闭合差调整到各观测角中去。当用左角观测时,改正数与 f_β 反号;当用右角观测时,改正数与 f_β 同号;平均分配。

②坐标增量闭合差的计算。

按附合导线的要求,各边坐标增量代数和的理论值应等于终、始两点的已知坐标之差,即
$$\begin{cases} \sum\Delta x_{理} = x_{终} - x_{始} \\ \sum\Delta y_{理} = y_{终} - y_{始} \end{cases} \tag{3-33}$$

则纵坐标增量闭合差 f_x 和横坐标增量闭合差 f_y 计算如下:
$$\begin{cases} f_x = \sum\Delta x_{测} - (x_{终} - x_{始}) \\ f_y = \sum\Delta y_{测} - (y_{终} - y_{始}) \end{cases} \tag{3-34}$$

附合导线的全长闭合差、全长相对闭合差、全长相对闭合差容许值 $K_容$ 及坐标增量,与闭合导线相同。附合导线坐标计算表如表 3-8 所示。

附合导线坐标计算表

表 3-8

点名	角度观测值（左）/(° ′ ″)	改正后角值/(° ′ ″)	坐标方位角/(° ′ ″)	边长/m	坐标增量/m Δx	坐标增量/m Δy	改正后坐标增量/m $\Delta\hat{x}$	改正后坐标增量/m $\Delta\hat{y}$	坐标/m x	坐标/m y
A			145 25 00							
B	−9 144 17 06	144 16 57			+23 −32.768	−24 +91.523			504.403	472.384
			109 41 57	97.212			−32.745	91.499		
1	−9 168 24 36	168 24 27			+25 −14.768	−26 +103.684			471.658	563.883
			98 06 24	104.731			−14.743	103.658		
2	−9 183 12 54	183 12 45			+22 −18.151	−23 +90.681			456.915	667.541
			101 19 09	92.480			−18.129	90.658		
3	−8 176 47 24	176 47 16			+23 −13.915	−24 +97.684			438.786	758.199
			98 06 25	98.670			−13.892	97.660		
4	−8 168 36 24	168 36 16			+21 +5.131	−22 +89.304			424.894	855.859
			86 42 41	89.451			5.152	89.282		
C	−8 156 32 42	156 32 34							430.046	945.141
			63 15 15							
D										
Σ	997 51 06	997 50 15		482.544	−74.471	472.876	−74.357	472.757		

辅助计算

$f_\beta = \sum\beta_测 - \sum\beta_理 = 51''$　　导线全长闭合差 $f_D = \sqrt{f_x{}^2 + f_y{}^2} = 0.165\,\text{m}$

$f_{\beta容} = \pm 60''\sqrt{n} = \pm 147''$　　导线全长相对闭合差 $K = \dfrac{1}{\sum D/f_D} = \dfrac{1}{2900}$

$\begin{cases} f_x = -0.014\,\text{m} \\ f_y = 0.119\,\text{m} \end{cases}$　　导线全长闭合差容许值 $K_容 = \dfrac{1}{2000}$

因此，精度符合要求

知 识 拓 展

一级导线测量

全国职业院校技能大赛是教育部发起并牵头,联合国务院有关部门以及有关行业、地方共同举办的一项公益性、全国性职业院校学生综合技能竞赛活动。一级导线测量是全国职业院校技能大赛工程测量赛项中的一项核心内容。下面简单介绍一下该赛项的相关要求。

1. 测量内容

如图 3-35 所示导线,其中 A、B 为已知点,P_1、P_2 为待定点,测算待定点坐标。

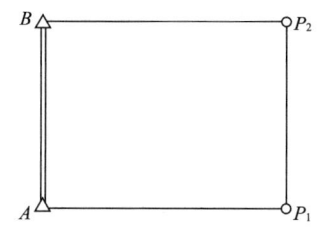

图 3-35 导线测量示意图

微课视频 3-8
一级导线测量

2. 使用设备

2″级全站仪及配套的棱镜(含基座)2 个;脚架 3 个。

3. 技术要求

外业按方向观测法观测,基本技术要求如表 3-9 所示。

一级导线测量基本技术要求　　　　　表 3-9

水平角测量(2″级仪器)			距离测量		
测回数	同一方向值各测回较差/(″)	一测回内 $2c$ 较差/(″)	测回数	读数	读数差/mm
2	9	13	1	4	5
闭合差					
方位角闭合差			$\leqslant \pm 10''\sqrt{n}$		
导线相对闭合差			$\leqslant 1/14000$		

注:表中 n 为测站数。

4. 测量成果

导线测量记录计算成果,包括观测手簿、导线平差计算表和导线点成果表。表 3-10 为导线观测手簿示例,表 3-11 为导线近似平差计算表示例。

导线观测手簿示例　　　　　　　　　　　　　　　　　表 3-10

观测日期：<u>2022</u> 年 <u>7</u> 月 <u>24</u> 日　　　　　　　测站 <u>N_2</u>

	觇点	读数		$2c/$ (″)	半测回方向/ (° ′ ″)	一测回方向/ (° ′ ″)	各测回平均方向/ (° ′ ″)	附注
		盘左/ (° ′ ″)	盘右/ (° ′ ″)					
水平角观测	N_1	0　00　30	180　00　36	−06	0　00　00　　00	0　00　00　　00	0　00　00	
	A_1	125　08　16	305　08　24	−08	125　07　46　　48	125　07　47　　45	125　07　46	
	N_1	90　00　30	270　00　42	−12	0　00　00　　00	0　00　00　　00		
	A_1	215　08　18	35　08　24	−06	125　07　48　　42	125　07　45		

边长		平距观测值/m	平距中数/m	边长		平距观测值/m	平距中数/m
N_2 | A_1	1	356.784		N_2 | N_1	1	287.131	
	2	356.785			2	287.132	
	3	356.785			3	287.132	
	4	356.785			4	287.132	
			356.785				287.132

| | | | | 导线近似平差计算表示例 | | | | 表 3-11 |

序号	点名	观测角/ (° ′ ″)	方位角/ (° ′ ″)	边长/m	v_x/m ΔX_i/m	X_i/m	v_y/m ΔY_i/m	Y_i/m
A	B							
B	A	−03 84 31 13	182 16 37			3854995.215		38451305.920
1	P_1	−04 95 50 07	86 47 47	299.218	+0.004 +16.722	3854703.742	+0.004 +298.750	38451592.419
2	P_2	−04 88 57 20	23 75 0	283.476	+0.004 +283.177	3854986.923	+0.004 +13.010	38451605.433
3	B	−03 90 41 34	271 35 06	299.633	+0.004 +8.288	3854687.016	+0.005 −299.518	38451293.665
4	A		182 16 37					
C				Σ	882.327	+308.187		+12.242
D								
	Σβ	360 00 14						
		$f_\beta = +14''$		$f_x = -0.012\text{m}$			$f_y = -0.013\text{m}$	

$f_{\beta容} = \pm 10\sqrt{4}('') = \pm 20''$

$f_s = 0.018\text{m}$

$K = 1/49018$

导线略图

即问即答 3-4

目标:掌握导线测量内业计算。

即问即答 3-4 答案

1. 已知直线 AB 的坐标方位为 186°,则直线 BA 的坐标方位角为( )。

A. 96° B. 276° C. 6° D. 186°

2. 如图 3-36 所示,确定直线的方向,已知直线 BA 的方向为 NE42°,则直线 CB 的坐标方位角为( )。

A. 14° B. 76° C. 104° D. 166°

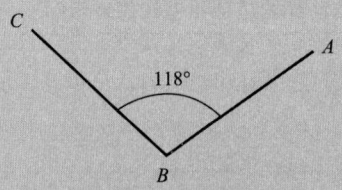

图 3-36　坐标方位角计算示意图

3. 如图 3-37 所示,已知边 AB 的方位角为 $130°20'$,边 BC 的长度为 82m,$\angle ABC = 120°10'$,$X_B = 460\text{m}$,$Y_B = 320\text{m}$,则边 BC 的方位角和点 C 的坐标为(　　)。

A. $70°30'(487.4,397.3)$　　　　B. $10°10'(397.3,487.4)$

C. $70°30'(397.3,487.4)$　　　　D. $190°10'(487.4,397.3)$

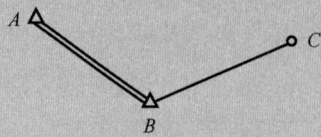

图 3-37　导线点坐标计算示意图

项目4
ITEM FOUR

数字化测图

学习目标	**知识目标** 1.知道图根测量方法及其主要技术要求。 2.熟悉测图前的准备工作、特征点选择、碎部测量的方法。 3.熟悉数字化测图流程及操作步骤。 4.知道测图相关技术要求。
	能力目标 1.能熟练安置全站仪。 2.能用全站仪实施数字测图外业数据采集。 3.能用 RTK 实施数字测图外业数据采集。 4.会 CASS 成图(或 SouthMap 成图)。
	素质目标 1.具备实事求是的精神。 2.具备安全作业的意识。 3.具备独立思考、积极探索的能力。
工作任务	1.全站仪数字化测图外业数据采集。 2.RTK 数字化测图外业数据采集。 3.CASS-SouthMap 成图。

　　现代测绘技术和计算机技术的快速发展,促进地形图测绘手段持续变革。传统白纸手工测图已完全被数字测图所代替,而且数字测图模式趋向多元化、智能化,如全站仪测图、RTK测图、地面三维激光扫描测图、移动测量系统测图、低空数字摄影测图和机载激光雷达扫描测

图等。其中,全站仪测图和RTK测图在生产上使用广泛,也是其他数字测图模式的基础,配以南方数码CASS、南方测绘SouthMap和清华山维EPSW等成图软件,能方便快捷地完成小区域大比例尺地形图的成图工作,这也是本项目的学习重点。

本项目包括全站仪数字化测图外业数据采集、RTK数字化测图外业数据采集和CASS-SouthMap成图三个任务。

任务1　全站仪数字化测图外业数据采集

一、图根控制测量

直接为测绘地形图而建立的控制测量称为图根控制测量,其控制点称为图根控制点,简称图根点。图根控制分为平面控制和高程控制。

1. 图根点数量和精度要求

数字化测图需有图根点,且有数量和精度要求。一般地区图根点的数量不宜少于表4-1的规定;图根点相对于邻近等级控制点的点位中误差不应大于图上0.1 mm,高程中误差不应大于基本等高距的1/10。以平坦地区1∶500地形图为例,其平面和高程中误差均应≤50 mm。

一般地区图根点的数量　　　　　　　　　　　　　　表4-1

测图比例尺	图幅尺寸/mm	图根点数量/个	
		全站仪测图	RTK测图
1∶500	500×500	2	1
1∶1000	500×500	3	1~2
1∶2000	500×500	4	2
1∶5000	400×400	6	3

2. 图根平面控制测量的方法

图根平面控制测量和高程控制测量可同时进行,也可分别施测。图根平面控制测量具体施测方法有RTK图根测量、图根导线、极坐标法和边角交会法等。

（1）RTK图根控制测量

①RTK图根控制测量可采用单基站RTK测量模式,也可用网络RTK测量模式。

②RTK作业时,有效卫星数不宜少于6个,多星座系统有效卫星数不宜少于7个,PDOP值应小于6,并应采用固定解成果。

③RTK图根控制点应进行两次独立测量(每次≥2测回),坐标较差不应大于图上0.1 mm,符合要求后应取两次独立测量的平均值作为最终成果。

④RTK图根控制测量的主要技术要求应符合表4-2的规定。

RTK 图根控制测量的主要技术要求   表 4-2

等级	相邻点间距离/m	边长相对中误差	起算点等级	流动站到单基准站间距离/km	测回数
图根	≥100	≤1/4000	三级及以上	≤5	≥2

（2）图根导线测量

①测角：宜采用 6″级或更优的仪器一测回测定水平角。

②测距：边长（平距）可采用全站仪单向施测。

③附合次数：在等级点下加密图根控制，不宜超过 2 次附合。

④支导线：困难地区可布设成支导线。1:500 测图中导线平均边长为 100m，最多支 3 条边。

⑤图根导线测量主要技术要求不应超过表 4-3 的限差规定。

图根导线测量的主要技术要求   表 4-3

导线长度/m	相对闭合差	测角中误差/(″)		方位角闭合差/(″)	
		首级控制	加密控制	首级控制	加密控制
≤αM	≤1/(2000×α)	20	30	$40\sqrt{n}$	$60\sqrt{n}$

注：1. α 为比例系数，取值宜为 1。当采用 1:500、1:1000 比例尺测图时，α 值可在 1～2 之间选用。

2. M 为测图比例尺的分母。但对于工矿区现状图测量，不论测图比例尺大小，M 应取值为 500。

3. 施测困难地区的导线相对闭合差不应大于 1/(1000×α)。

（3）极坐标法图根点测量

①测角：宜采用 6″级或更优的仪器一测回测定角度。

②测距：距离可采用全站仪单向施测。

③在等级控制点上独立测量时，可用全站仪直接测定图根点的坐标和高程。

④最大边长：1:500、1:1000、1:2000、1:5000 测图，最大边长分别为 300m、500m、700m、1000m。

3. 图根补点

图根补点可采用 RTK 图根测量，也可采用有校核条件的测边交会、测角交会、边角交会或内外分点法，还可采用全站仪自由设站法补点。

4. 图根高程控制测量的方法

图根高程控制测量可采用图根水准路线测量、电磁波测距三角高程测量和 RTK 图根高程测量等方法。起算点的精度不应低于四等水准高程点。其中：

图根水准路线测量的闭合差应 ≤$40\sqrt{L}$mm（平地）或 $12\sqrt{n}$mm（山地）；

图根电磁波测距三角高程测量的闭合差应 ≤$40\sqrt{\Sigma D}$mm；

RTK 图根高程测量亦应两次独立观测，其高程较差 ≤1/10 基本等高距。

即问即答 4-1

目标：熟悉图根点精度和测量方法。

即问即答 4-1   答案

1. 地形图测绘中,图根点相对邻近等级控制点的点位中误差不应大于图上(　　)mm。

  A.0.01   B.0.05   C.0.1   D.0.5

2. 在平坦地区1:500地形图测绘中,图根点相对邻近等级控制点的高程中误差不应大于(　　)mm。

  A.10   B.20   C.50   D.100

3. 在1:500全站仪测图中,一个500mm×500mm标准图幅内,图根点至少(　　)个。

  A.1   B.2   C.3   D.4

4. 在1:500 RTK测图中,一个500mm×500mm标准图幅内,图根点至少(　　)个。

  A.1   B.2   C.3   D.4

5. RTK图根控制测量时,多星座系统有效卫星数不宜少于(　　)个。

  A.4   B.5   C.6   D.7

6. RTK图根点测量时,应进行(　　)次独立测量。

  A.1   B.2   C.3   D.4

7. 在1:500地形图测绘中,同一条支导线最多支(　　)条边。

  A.1   B.2   C.3   D.4

8. 在1:500地形图测绘中,极坐标法图根点测量的最大边长为(　　)m。

  A.100   B.300   C.500   D.700

9. 平坦地区,图根水准路线测量的闭合差应小于(　　)mm。

  A.$20\sqrt{L}$ B.$30\sqrt{L}$ C.$40\sqrt{L}$ D.$60\sqrt{L}$

10. 图根点高程控制测量时,起算点的精度不应低于(　　)水准高程点。

  A.二等   B.三等   C.四等   D.五等

二、测站建立

1. 仪器设备的准备

全站仪数字化测图外业数据采集的仪器设备主要有全站仪、脚架、对中杆、支架、对讲机、小钢卷尺、道钉(钢钉)、记录板、草图纸(本)、记号笔、铅笔等。

全站仪品牌与型号众多,操作界面和内置程序略有差异,但工作流程基本一致。现以南方NTS-300系列全站仪为例进行介绍,图4-1为其数据采集菜单的操作流程。

2. 已知数据的准备

使用NTS-300系列全站仪进行数据采集时应收集图根点分布略图和已知数据表,并宜事先在全站仪中建立已知数据坐标文件。数据少时,可通过键盘输入(参见图4-1和图4-2),数据多时,则宜通过数据传输软件导入。

微课视频4-1
南方 NTS-312L 全站仪
数据采集——测站建立

开机后,按菜单键〈M〉,再按〈F3〉键进入【内存管理】界面,下翻一页,按〈F1〉键进入【输入坐标】界面,输入文件名(宜用工程名+日期格式,如张三村2022年7月15日测图的文件名为ZSC0715),按〈回车〉键确认,进入【输入坐标数据】界面。

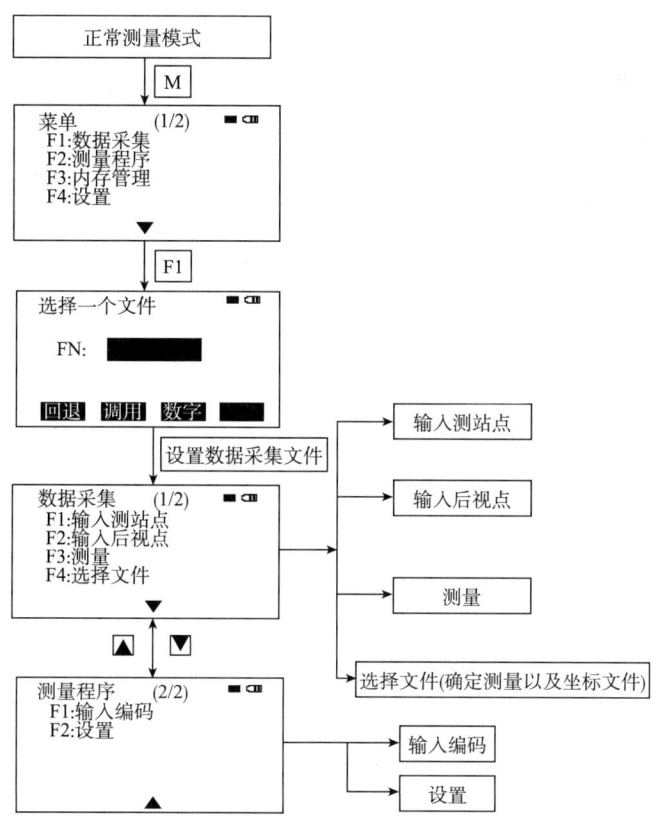

图 4-1 NTS-300 系列全站仪数据采集的操作流程

输入点名(如 A1),忽略编码,按〈回车〉键确认,进入【输入坐标值】界面。

先输 N,即 X,按〈回车〉键确认;

后输 E,即 Y,按〈回车〉键确认;

再输 Z,即 H,按〈回车〉键确认。

此时自动进入下一点输入状态,同理输入点名和坐标值。

全部已知数据输入后,按〈ESC〉键,退回主界面,按〈F3〉键重新进入【内存管理】界面,按〈F3〉键进入【数据查询】界面,再按〈F2〉键进入【坐标数据查询】界面,确定当前坐标文件,按顺序检查坐标输入是否有误,无误则退出并关机。

重要提醒:密切关注 X、Y 是否输反!

3. 仪器安置

(1)仪器安置规范:正确选择脚架大小、高矮、方位(坡地应上坡一只脚,下坡两只脚);正确使用制动、微动螺旋;双手取放全站仪;随手盖扣箱盖等。

(2)仪器对中整平精度:对中偏差不应大于 5mm,管气泡偏离不超过 1 格。

4. 气象改正设置

开机后按星号键〈★〉,再按〈F3(S/A)〉键,进入【气象改正设置】界面,如图 4-3 所示。

操作过程	按键及操作	显示
①由主菜单1/3按 F3 (内存管理)键	F3	内存管理　　　　　　　　　1/3 F1:内存状态 F2:数据查阅 F3:文件维护　　　　　　　P↓
②按 F4 (P↓)键	F4	内存管理　　　　　　　　　2/3 F1:输入坐标 F2:删除坐标 F3:输入编码　　　　　　　P↓
③按 F1 (输入坐标)键	F1	选择一个文件 FN: 输入　调用　　　　回车
④按 F1 (输入)键,输入你想设置的文件名按 F4 (回车)键	F1 输入PN F4	输入坐标数据 点名: 输入　调用　　　　回车
⑤按 F1 (输入)键,输入点名按 F4 键	F1 输入点名 F4	N:　　　　　　12.322 m E:　　　　　　34.286 m Z:　　　　　　1.5772 m 输入　　　　　　　　回车
⑥用同样方法输入坐标数据进入下一个点输入显示屏点号,点号自动加1	F1 输入坐标 F4	输入坐标数据 点名:　SOUTH　　100 输入　调用　　　　回车

图 4-2　NTS-300 建立已知数据坐标文件的操作界面

气象改正设置	
PSM	0
PPM	6.4
温度	27.0 □
气压	1013.0 hPa
棱镜　PPM　温度　气压	

图 4-3 【气象改正设置】界面

按〈F1(棱镜)〉键,输入棱镜常数,常为 −30,按〈回车〉键确认。

按〈F3(温度)〉键,自动感应(或输入测区实际温度,并按〈回车〉键确认),更新大气改正数。

按〈F4(气压)〉键,自动感应(或输入测区气压值,并按〈回车〉键确认),更新大气改正数。

检查无误后,按〈ESC〉键,退回到开机初始界面。

5.确定测量文件名

参见图 4-1,按菜单键〈M〉,再按〈F1〉键,输入或调用与已知数据坐标文件同名的测量文件名(ZSC0715),按〈回车〉键确认,进入【数据采集】主界面(1/2)。

重要提醒:密切关注测量文件与坐标文件是否同名!

6.数据采集参数设置

参见图 4-1,由【数据采集】主界面(1/2)下翻一页,按〈F2(设置)〉键,进入【数据采集参数设置】界面,如图 4-4 所示。

按〈F1(测距模式)〉键,选【精测】,并按〈回车〉键确认;

按〈F2(测量次数)〉键,选【单次】,并按〈回车〉键确认;

菜单	选择项目	内容
F1:测距模式	<u>精测</u>/跟踪	选择测距模式:精测/跟踪
F2:测量次数	单次/连续	选择测距次数:单次/连续测距
F3:存储设置	是/<u>否</u>	进行数据采集时,测量数据是否自动计算坐标数据并存入坐标文件
F4:数据采集设置	<u>先输测点</u>/先测量	选择数据采集中输入测点数据与测量的先后顺序

注:下划线表示测量中建议选择的参数。

图4-4　【数据采集参数设置】界面

按〈F3(存储设置)〉键,建议初学者不要自动存储数据,即选【否】,并按〈回车〉键确认;

按〈F4(数据采集设置)〉键,建议初学者选【先输测点】,并按〈回车〉键确认;

检查后,退回到【数据采集】主界面(1/2)。

7. 输入测站点

参见图4-1和图4-5,在【数据采集】主界面(1/2),按〈F1(输入测站点)〉键,再按〈F3(测站)〉键,调用或直接输入点名,并按〈回车〉键确认,显示该点三维坐标,检查无误后按〈F4(是)〉键确认。

输入测站点　　　　　　　　■ ▭
点名→
编码 :
仪高 :　　　　　　0.000m
输入　查找　测站　记录

输入测站点　　　　　　　　■ ▭
N:　　　　　152.258 m
E:　　　　　376.310 m
Z:　　　　　　2.362 m
〉OK?　　　　　[否]　[是]

图4-5　【输入测站点】界面

将光标移至【仪高】项,量取仪高(量至1mm),按〈F1(输入)〉键,输入数值后,按〈回车〉键确认。

依次按〈F4(记录)〉键和〈F4(是)〉键确定记录,返回【数据采集】主界面。

8. 输入后视点

定向常用坐标定向和方位角定向两种方式。

(1)坐标定向

参见图4-1和图4-6,由【数据采集】主界面(1/2),按〈F2(输入后视点)〉键,再按〈F3(后视)〉键,调用或直接输入后视点名,按〈回车〉键确认,显示该点三维坐标,检查无误后,按〈F4〉键确认,显示后视方位角,提示照准后视点。

输入后视点　　　　　　　　■ ▭
点名→DATA 06
编码 :
仪高 :　　　　　　0.000 m
输入　置零　后视　测量

输入后视点　　　　　　　　■ ▭
N:　　　　　102.259 m
E:　　　　　202.102 m
Z:　　　　　　1.033 m
〉OK?　　　　　[否]　[是]

输入后视点　　　　　　　　■ ▭
点名 :　DATA 06
编码 :　tree
镜高→　　　　　1.210 m
角度　斜距　坐标

图4-6　【输入后视点】界面

松制动螺旋,转照准部,调望远镜,适时调整制动螺旋,利用微动螺旋,精确瞄准后视点底部,按〈F4(是)〉键确定后视方向,返回【输入后视点】界面。

当后视点有棱镜时,宜将光标移至【镜高】项,按〈F1(输入)〉键,输入镜高后按〈回车〉键确认。松垂直制动螺旋,上仰望远镜,瞄准棱镜,按〈F4(测量)〉键,再按〈F3(坐标)〉键,将后视点实测坐标记录在全站仪数据采集测站信息记录表中,并与已知坐标值比对,通常X、Y、Z的误差均在50mm以内时,可认为后视点正确,按〈F4(记录)〉键,此时会提示"是否重写后视点坐标数据",注意应按〈F3（否）〉键不重写,即完成后视点测量数据记录,同时返回【数据采集】主界面。

当后视点没有棱镜时,可直接按〈F4（测量）〉键,再按〈F1（角度）〉键,完成后视点测量数据记录,同时返回【数据采集】主界面。

（2）方位角定向

参见图4-1和图4-6,在【数据采集】主界面（1/2）,按〈F2（输入后视点）〉键,再按〈F3（后视）〉键,接着依次按〈F4（坐标）〉键和〈F4（角度）〉键,按度.分秒格式,输入后视方位角,按〈回车〉键确认,显示后视方位角,提示照准后视点。

松制动螺旋,转照准部,调望远镜,适时调整制动螺旋,通过微动螺旋精确瞄准后视点底部,按〈F4（是）〉键确定后视方向,返回【输入后视点】界面。

按〈F1〉键,输入后视点名,并按〈回车〉键确认,编码与镜高可忽略。

按〈F4（测量）〉键,再按〈F1（角度）〉键,完成后视点测量数据记录,同时返回【数据采集】主界面。

重要提醒:

①后视定向需"测量"后,方生效。

②后视点坐标数据不要重写,除非后视点原本无三维坐标。

③角度键盘输入格式常为度.分秒,如 **30°28′09″**,输入"**30.2809**"。

9. 测站检核

后视定向后,按规定必须对测站检核点（非后视点）进行测前坐标检查,并将检核点实测坐标记录在全站仪数据采集测站信息记录表中。

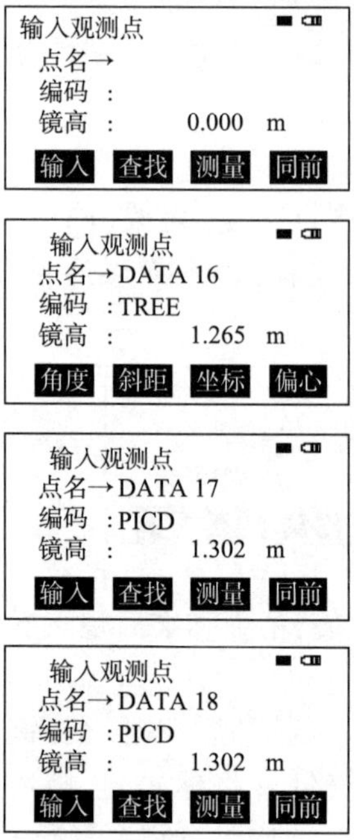

检核点平面位置较差不应大于图上0.2mm,高程较差不应大于1/5基本等高距。

但实际工作中,常以 X、Y、Z 的坐标较差来衡量,三者均宜≤50mm。

参见图4-1和图4-7,在【数据采集】主界面（1/2）,按〈F3（测量）〉键,再按〈F1〉键输入点名,按〈回车〉键确认。忽略编码,更改镜高,按〈回车〉键确认。

精确瞄准检核点,依次按〈F3（测量）〉键和〈F3（坐标）〉键,测出检核点的实测坐标,并与已知坐标值比对,若不超限,则完成测站检查,可按〈ESC〉键返回【数据采集】主界面。

若仪器支持记录同名点数据,可按〈F4（记录）〉键,但不要重写。至此,可正式开始数据采集。当然本站作业结束前要做测后检查。

重要提醒:

①测前检查尽量选用第三个已知点检查。

②测站点、后视点坐标输反或点位认反时,用后视点检查可能查不出错误。

③若已知数据输入无误,建站过程无误,但测站检核通不过,则坐标文件中可能有"不可见"非法字符等,一般重建文件可解决。

```
输入观测点        ■ ▭
点名→
编码 ：
镜高 ：      0.000  m
输入   查找   测量   同前
```

```
输入观测点        ■ ▭
点名→DATA 16
编码 ：TREE
镜高 ：      1.265  m
角度   斜距   坐标   偏心
```

```
输入观测点        ■ ▭
点名→DATA 17
编码 ：PICD
镜高 ：      1.302  m
输入   查找   测量   同前
```

```
输入观测点        ■ ▭
点名→DATA 18
编码 ：PICD
镜高 ：      1.302  m
输入   查找   测量   同前
```

图4-7 【输入观测点】界面

三、全站仪测图之碎部点采集

数字化测图可按图幅施测,也可分区施测。

全站仪测图可采用草图法、编码法和内外业一体化的实时成图法。学校教学以草图法为主,生产上以编码法较为普遍。现以草图法为例介绍全站仪数字测图碎部点采集工作。

1. 作业人员安排

全站仪草图法测图一般配置观测员 1 名,领尺员 1 名,跑尺员 1 名。领尺员负责画草图和内业成图,是小组的核心成员。

2. 草图法野外数据采集的步骤

仪器设备和已知数据准备完毕,正确建站、定向和检查后,进入野外数据采集模式。

跑尺员在领尺员指挥下,按预定方案和路线跑尺(棱镜)。

观测员操作仪器,参见图 4-7,输入第一个立镜点的点名(可用顺序码)、修改镜高,瞄准、按键测量(常选【坐标】),采集碎部点三维坐标,依次测量其他碎部点。

对于柱状地物中心,可选用偏心测量模式。

对于可见但人员无法到达的测点,可选用免棱镜测量模式。

对于不可见但人员可到达的测点,可选用皮尺辅助量距定位。

领尺员绘制草图,待本站碎部点测量完毕,且测后检查无误后迁站,重复上述过程。

3. 碎部点测量跑尺技术要点

(1)数字线划图测绘的基本要求

测绘人员熟悉和理解数字线划图测绘的基本要求,可提高成图质量和速度。

①地形图的基本等高距应按表 4-4 选取。

基本等高距(单位:m)　　　　　　　　　　　　　　表 4-4

地形类别	比例尺			
	1:500	1:1000	1:2000	1:5000
平坦地($\alpha < 2°$)	0.5	0.5	1	2
丘陵地($2° \leq \alpha < 6°$)	0.5	1	2	5
山地($6° \leq \alpha < 25°$)	1	1	2	5
高山地($\alpha \geq 25°$)	1	2	2	5

注:同一测区同一比例尺宜采用相同基本等高距。

②图上地物点相对于邻近图根点的点位中误差不应超过表 4-5 的规定。

图上地物点相对于邻近图根点的点位中误差(单位:mm)　　　表 4-5

区域类型	点位中误差
一般地区	0.8
城镇建筑物、工矿区	0.6

③等高线插求点或数字高程格网点相对于邻近图根点的高程中误差不应超过表 4-6 的规定。

等高线插求点或数字高程格网点相对于邻近图根点的高程中误差 表4-6

区域类型	地形类别	平坦地	丘陵地	山地	高山地
一般地区	高程中误差	$1/3h_d$	$1/2h_d$	$2/3h_d$	$1h_d$

注：h_d 为地形图的基本等高距，m。

④工矿区细部坐标点的点位和高程中误差不应超过表4-7的规定。

工矿区细部坐标点的点位和高程中误差（单位：mm） 表4-7

地物类别	点位中误差	高程中误差
主要建（构）筑物	50	20
一般建（构）筑物	70	30

⑤地形点的最大点位间距不应超过表4-8的规定。

地形点的最大点位间距（单位：m） 表4-8

比例尺	1：500	1：1000	1：2000	1：5000
一般地区	15	30	50	100

⑥全站仪测图的最大测距长度不应超过表4-9的规定。

全站仪测图的最大测距长度（单位：m） 表4-9

比例尺	最大测距长度	
	地物点	地形点
1：500	160	300
1：1000	300	500
1：2000	450	700
1：5000	700	1000

（2）跑尺（棱镜）一般原则

地形测量中，立尺点和跑尺线路的选择是否合理，对地形图质量和测图效率影响大，故测图开始前，测量团队应先在测站上分析探讨跑尺方案。

地性线明显时宜沿地性线跑尺，在山地中也可沿等高线跑尺。

碎部点测量应测定地物地貌的特征点，在不同实体交界点上立尺可以提高测图效率。

（3）地物点测绘

面状、线状地物的地物点应选在轮廓线方向变化之处。如果地物形状不规则，那么凹凸长度在图上大于0.4mm时应表达。例如，1：500测图，实地凹凸大于0.2m时需实测。

另外，《工程测量标准》（GB 50026—2020）5.4.2-2款规定：当建（构）筑物轮廓凹凸部分在1：500比例尺图上小于1mm或在其他比例尺图上小于0.5mm时，可用直线连接。

点状地物的地物点应选其几何中心。

①测量控制点测绘。

测量控制点是测绘地形图和工程测量施工放样的主要依据，在图上应精确表示。各等级平面控制点、导线点、图根点、水准点，应以展点或测点，并按图式规定符号表示。

②居民地及设施测绘。

a.建(构)筑物:首选外墙房角和楼层高低变化点为地形点。少量特征点全站仪无法实测时,长边实测,短边可量距绘图或隔点绘图。

b.建筑物上突出的悬空部分:测其最外围的投影位置,主要的支柱也要实测。

c.地下建(构)物:可只测其出入口、地面通风口位置和高程。

d.永久性门墩支柱:其图上大于1mm的依比例尺实测,小于1mm的测其中心位置。

e.台阶和室外楼梯:图上不足三级的台阶不表示;图上宽度大于1mm的室外楼梯应表示,螺旋式室外楼梯测其投影线,支柱不表示。

f.亭:依比例尺表示时,可实测底座轮廓用实线表示,也可测亭顶轮廓用虚线表示。

g.宣传橱窗、电子屏:图上按真实方向表示。单柱实测中心,双、多柱实测两端。

h.围墙:图上长度大于3mm,高度大于1m的需实测;图上宽度不大于0.5mm的不依比例尺表示,大于0.5mm的依比例尺表示。

i.栅栏、栏杆、篱笆、铁丝网:图上长度大于5mm,高度大于1m的需实测。

j.活树篱笆:图上长度大于8mm的应表示。其与街道边线重合时,只表示篱笆符号。

k.旗杆、碑、柱、墩、塑像等独立物:应测出其中心位置。

③交通及附属设施测绘。

a.铁路:实测轨道、电杆、铁塔位置,并测注轨面高程,曲线段应测内轨面。

b.公路:测出行车道宽度和路肩宽度,实测铺面材料变化点,实测路堤路堑边界,适当测注坡顶坡脚高程。

c.街道:实测车行道、过街天桥地道的出入口,实测分隔带、环岛、街心花园、人行道、绿化带等边界线。

d.机耕路(大路):实测边线,依比例尺表示。

e.乡村路:图上宽度大于0.7mm的依比例尺实测,小于0.7mm的不依比例尺表示。

f.内部道路:图上宽度大于1mm的依比例实测,小于1mm的择要不依比例尺表示。

g.人行道:人行道宽度依比例尺表示。图上宽度小于0.5mm的不表示。与房屋、垣栅的间距小于图上0.3mm时,人行道边线可省略。

h.桥梁:实测桥头、桥身和桥墩位置,并测注桥面高程。桥宽度在图上小于1mm时,用半依比例尺符号表示。

i.道路交叉口:应测注高程。

④管线测绘。

a.电杆、铁塔等:实测中心位置,并绘出线路方向。

b.架空的、地面上的、有管堤的管道:均应实测,并注明传输物质。架空管道的支架按实际位置表示。

c.检修井(盖)、雨篦子、污水篦子、消防栓、阀门、电线箱、路灯等:均应实测中心位置,并以相应符号表示。

⑤水系测绘。

a.水涯线:河流、溪流、湖泊、山塘、水库等水涯线按测图时的水位测定。于起点、终点、转弯或转折处立尺打点。当水涯线与陡坎线在图上投影距离小于1mm时,以陡坎线符号表示。

水涯线遇桥梁等架空地物应断开。

b. 沟渠：于起点、终点、转弯、转折、分支处立尺打点。图上宽度小于1mm（1∶2000 地形图上小于 0.5mm）的用单线表示，并测注渠顶、渠底高程。

c. 涵洞：实测洞口两端内底位置。当图上口径小于 1mm 时，用半依比例尺符号表示。

d. 堤坝：应测注顶部及坡脚高程。

e. 池塘：应测注塘顶边及塘底高程。

f. 泉、井：应测注泉的出水口与井台高程。

⑥植被和土质测绘。

a. 面状植被和土质：转弯或转折处立尺打点，实测外围轮廓线，范围线内配置相应符号。同地段生长有多种植物，植被符号可配合使用，但不要超过 3 种（连同土质符号）。若地面较平坦（如水田）不能绘等高线，应适当测注高程。

b. 线状植被：行道树两端的树木实测表示，中间配置符号；图上长度大于 10mm 的狭长灌木林、图上长度大于 4mm 的狭长竹林的测法与之类同。

c. 点状植被：有良好方位意义或著名的单棵树，实测其中心位置，用相应独立树符号表示；小面积竹林、竹丛或独立灌木丛的测法与之类同。

d. 田梗：在转弯、转折、交叉处立尺打点，图上长度小于 10mm 的可舍去，图上宽度大于 1mm 的双线依比例尺表示。

⑦境界测绘。

a. 境界包括国界、省界、地级界、县界、乡界、村界、其他界线等。

b. 境界线的转角处不应有间断，应实测转角点并展绘。

c. 各级界桩、界标均要准确测绘，若为石碑则用纪念碑符号表示。

d. 当两级以上境界重合时，按高一级境界表示。

e. 国内境界线若遇行政隶属不明确，则用未定界符号表示。

（4）地貌测绘

①陡坎：坡度在 70°以上天然形成或人工修成的陡峻地段，可细分为天然土质、天然石质、人工未加固和人工已加固。于起点、终点、转弯、转折、分岔处立尺打点。图上长度大于 5mm，且比高大于 0.5m（2m 等高距图幅大于 1m）时要表示；当比高大于 1 个基本等高距时适当量注比高。当坡面有明显坎脚线时，可用地类界表示其坎脚线。

②斜坡：坡度在 70°以下天然形成或人工修筑的坡面地段，其可细分为天然未加固、人工未加固和已加固。于起点、终点、转弯、转折、分岔处立尺打点。图上长度大于 5mm，且比高大于 1m（2m 等高距图幅大于 1m）时要表示；当比高大于 1 个基本等高距时适当量注比高。斜坡在图上投影宽度小于 2mm 时以陡坎符号表示。当坡面有明显坎脚线时，可用地类界表示其坎脚线。

③梯田坎：于起点、终点、转弯、转折、分岔处立尺打点。图上长度大于 5mm，且比高大于 0.5m（2m 等高距图幅大于 1m）时要表示；当比高大于 1 个基本等高距时适当量注比高。梯田坎坡顶与坡脚间投影宽度在图上大于 2mm 时，应依比例尺表示，并需适当标注比高或注出坎上坎下高程。

④石垄、岸垄、土垄：于起点、终点、转弯、转折、分岔处立尺打点。图上长度大于 5mm，且比高

大于0.5m(2m等高距图幅大于1m)时要表示;当比高大于1个基本等高距时适当量注比高。

⑤独立石:地面上长期存在的具有方位意义的较大独立石块。能依比例尺表示的应表示其轮廓线,其内配置符号。独立石应标注比高。

⑥等高线测绘:地貌特征点包括山的最高点、洼地的最低点、谷口点、鞍部最低点、地面坡度和方向的变换点等。将相邻特征点连线,可得山脊线、山谷线等地性线,进而构成地貌骨架。选好地貌特征点后,依次在其上立尺打点。具体跑尺可选上下沿地性线跑、水平沿等高线跑、或两者结合跑等方案。关于等高线测绘地形点最大点位间距的要求,详见表4-8。例如,1∶500测图为15m(图上3cm)。

（5）土石方测量

土石方测量与等高线测绘大体一致,但存在差异。前者测点密度较大,坎顶、坎脚均应实测三维坐标,且宜上下对称分布。

4. 草图绘制

（1）绘图前的准备

在用草图法绘制大比例数字测图时,内业成图主要依赖野外草图,其点号、点间关系和测点属性均需正确表达。开测前,准备好绘图工具和纸张,若有测区旧地形图或航片放大的影像图,可知主要地物地貌间的位置及比例关系,以此为工作底图可极大提高工作效率。

（2）绘草图的方法

进入测区,领尺员(绘图员)结合已有图纸资料或踏勘信息,快速了解测站周围地物地貌的分布情况,确定实地北方向,并与小组成员共同拟订跑尺方案。

根据测区大小和图面负荷情况,初步拟订草图绘制分区分块方案。

根据本页草图纸绘制范围,提前将主要地物、地貌的轮廓线按一定比例绘于草图。

紧跟碎部点测量进度,逐一将点号、属性和特定量测值,标写在相应轮廓线旁,线上对应位置加画黑点,以示空间位置,直至本站测完画完。

注意:

①遇测站起始点、逢"10"点、重要特征点和本站结束点,绘图员与观测员应及时对号。

②地物、地貌的属性尽量用符号表示。

③同一地物地貌的连续点号,可只标写起点、曲直变换点、交叉点和终点。

④点状地物、高程点、错误点、废点等,可分类集中侧注在草图纸空白处。

⑤草图纸应画北方向标志。

⑥草图纸应注明对应数据文件名、测站和支站等信息。

⑦草图纸应注明绘制时间、地点、绘图者姓名。

四、数据处理

1. 数据存储

（1）存储介质

全站仪存储介质有内存、SD卡、U盘等形式,测前应选定,建议选内存。

SD卡格式种类繁多,不同仪器适配不同SD卡。就南方NTS-332R6全站仪而言,其SD卡适配为 Windows 下的 FAT16 格式，若使用 FAT32、NTFS、exFAT 等格式 SD 卡，仪器将提示"格式化到 FAT16！"。

（2）存储文件

全站仪测图采集到的相关数据，分存在测量数据文件和坐标数据文件中。其中，被采集的数据必定会存在测量数据文件中，包括测站点、后视点信息，测点觇高 v、测存的角度值、测存的坐标值、测存的偏心数据等。但测存的坐标值、或由边角数据转换而来的坐标值，未必会自动存在坐标数据文件中（会挤占内存），通常需要测前人工设置。不过，由于内存技术的快速发展，包括南方 NTS-332R6 在内的多数全站仪，现已找不到此设置。

数据采集时，若输入或选用的测量数据文件名，在坐标数据文件中找不到同名者，仪器将自动生成一个与其同名的坐标数据文件，用以存放坐标数据。

为保证先前输入的已知坐标点能被测量数据文件调用，两者务必同名！

（3）数据丢失的原因

数据采集时，若未退至主菜单显示屏或角度测量模式，或未按〈记录〉键，直接关机、拆卸电池或电量不足，都有可能造成存储数据丢失。另外，内存不足也会丢失数据。

2. 数据传输

全站仪与计算机之间的数据传送主要有数据传输、文件操作和蓝牙三种方式，前两种较普及。

早期全站仪需用 9 针插孔或 USB 数据线将全站仪与计算机相连，通过数据传输方式实现导出和导入，此方式需正确设置通信参数，操作较为烦琐，在此不予细说。

当前，包括南方 NTS-332R6 在内多数全站仪支持 SD 卡或 U 盘，可通过文件操作实现"SD卡→内存"和"内存卡→SD"，进而实现数据快捷交换，如图 4-8 所示。

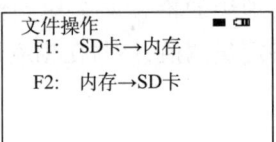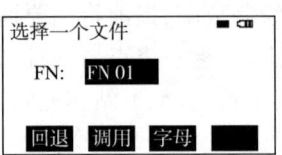

图 4-8　数据传输的操作界面

不同仪器适配不同格式的 SD 卡，在操作中，若仪器提示"SD 卡需格式化"，建议中断本次文件操作，选用或新建临时文件完成 SD 卡格式化操作，避免不可预知的数据丢失！

3. 数据转换

不同仪器数据格式不尽相同，不同成图软件对数据格式的要求也不尽相同，故数据时常需要转换。数据转换软件较多，现以南方 NTS-332R6 全站仪为例介绍如下。

NTS-332R6 全站仪测量数据文件后缀名为" *.RAW"，坐标数据文件后缀名为" *.PTS"。而南方 CASS 和南方 SouthMap 成图软件，则要求用" *.dat"格式数据。为此，可将存有" *.PTS"格式数据的 SD 卡插入读卡器，再通过 USB 接口与计算机相连。

图 4-9　南方 NTS-332R6 数据传输软件

如图 4-9 所示，打开专用数据传输软件 NTS-TRANSFER_V1.7.exe，单击【USB 操作】命令,选择【打开内存格式文件】→【打开 *.PTS(坐标数据文件)】,选定目标文件,即可打开。再单击【转换】按钮,选择【NTS-310/350 坐标数据】→【CASS 坐标】,则完成数据转换,可得"*.dat"格式文件。

4.数据检查与备份

每日观测完成后,宜将全站仪采集的数据转存至计算机,并进行检查处理,应删除或标注作废数据、重测超限数据、补测错漏数据,生成原始数据文件并备份。

即问即答 4-2　答案

即问即答 4-2

目标:熟悉全站仪数字化测图外业数据采集。

---

1. 在全站仪中输入坐标数据时,"N"对应于(　　　)。

　A.X　　　　　　B.Y　　　　　　C.H　　　　　　D.Z

2. 在全站仪 1:500 测图中,仪器对中偏差不应大于(　　　)mm。

　A.3　　　　　　B.5　　　　　　C.10　　　　　D.20

3. 全站仪【气象改正设置】界面中的气压单位"hpa"为(　　　)。

　A.帕　　　　　　　　　　　B.拾帕

　C.百帕　　　　　　　　　　D.千帕

4. 全站仪测图通过调用已知点进行后视定向,仪器提示是否重写后视点坐标数据,应选(　　　)。

　A.直接跳过　　　　　　　　B.回退

　C.是　　　　　　　　　　　D.否

5. 全站仪测图通过方位角定向,角度输入格式常为(　　　)。

　A.弧度　　　　　　　　　　B.度

　C.度.分.秒　　　　　　　　D.度.分秒

6. 全站仪测图宜选(　　　)作为测站检核点。

　A.测站点　　　　　　　　　B.后视点

　C.碎部点　　　　　　　　　D.测站点后视点以外的已知点

7. 在平坦地区 1:500 地形图测绘中,基本等高距为(　　　)m。

　A.0.25　　　　B.0.5　　　　C.1　　　　　D.2

8. 在 1:500 地形图测绘中,地形点的最大点位间距为图上(　　　)cm。

　A.1　　　　　　B.2　　　　　C.3　　　　　D.5

9. 在 1:500 地形图测绘中,地物点最大测距长度为(　　　)m。

　A.100　　　　B.160　　　　C.200　　　　D.300

10. 独立树定位点为图示符号的(　　　)。

　A.几何图形中心　　　　　　B.底线中点

　C.底部直角的顶点　　　　　D.最高顶点

任务2　RTK 数字化测图外业数据采集

一、认识 GNSS

1. GNSS 基本概念

GNSS 是 Global Navigation Satellite System 的缩写，译为"全球卫星导航系统"，是所有在轨工作的卫星导航系统的总称。

2. GNSS 组成

目前，GNSS 主要包括美国全球定位系统（Global Positioning System，GPS）、俄罗斯格洛纳斯全球卫星导航系统（Global Navigation Satellite System，GLONASS）、欧盟伽利略卫星导航系统（Galileo Satellite Navigation System）、中国北斗卫星导航系统（BeiDou Navigation Satellite System，BDS）。除此之外，还包括广域增强系统（Wide Area Augmentation System，WAAS）、EGNOS（European Geostationary Navigation Overlay Service，欧洲静地卫星导航重叠）系统、DORIS（Doppler Orbitography and Radio Positioning Intergrated by Satellite，星载多普勒无线电定轨定位）系统、PRARE（Precise Range and Range-rate Equipment，精确距离及其变率测量）系统、日本 QZSS（Quasi-Zenith Satellite System，准天顶卫星系统）、印度 GAGAN（GPS-Aided and GEO-Augmented Navigation，辅助同步轨道增强导航）系统、IRNSS（Indian Regional Navigation Satellite System，印度区域卫星导航系统）等。

3. 中国北斗卫星导航系统

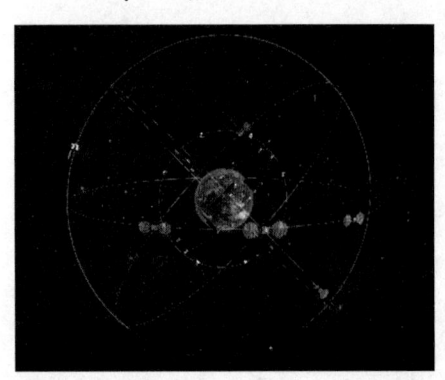

图4-10　北斗卫星导航系统卫星分布示意图

我国自 2000 年 10 月 31 日发射第一颗试验卫星，至 2020 年 6 月 23 日第 55 颗（北斗三号）导航卫星的成功发射，标志着自主建设、独立运行的中国北斗三号全球卫星导航系统星座全面建成，亦为继 GPS、GLONASS 之后的第三个成熟卫星导航系统，能为全球用户提供全天候、全天时、高精度的定位、导航和授时服务。

中国北斗卫星导航系统空间段由 35 颗卫星组成，包括 5 颗静止轨道卫星、27 颗中地球轨道卫星、3 颗倾斜同步轨道卫星。5 颗静止轨道卫星定点位置分别为东经 58.75°、80°、110.5°、140°、160°；中地球轨道卫星运行在 3 个轨道面上，3 个轨道面均匀分布，轨道面之间相隔 120°，具体如图 4-10 所示。

关于北斗卫星导航系统的详情，请观看 CCTV 三集科学纪录片《北斗》。

同步训练4-1

> **同步训练 4-1**
> 目标：熟悉 GNSS 基本概念。

二、认识 RTK

1. RTK 基本概念

RTK 是 Real Time Kinematic 的缩写,即实时动态。RTK 测量基于载波相位测量技术,并通过差分技术消除或减弱了基准站和流动站间共有误差,结合数据传输系统,实时显示流动站的定位结果,有效提高了工作效率,是 GNSS 定位测量技术的一个重大突破。其在数字地形测量、工程施工放样等领域得到了广泛应用。图 4-11 为 GNSS 接收机及手簿。

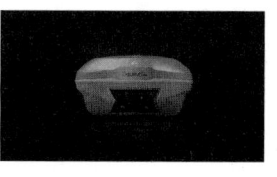

图 4-11　GNSS 接收机及手簿

2. RTK 定位测量的基本原理

(1)在基准站安置一台 GNSS 接收机,另一台或几台接收机置于载体(称为流动站)上,基准站和流动站同时接收同一组 GNSS 卫星发射的信号。

(2)基准站将所获得的观测值与已知位置信息进行比较,得到 GNSS 差分改正数,并将这个改正数通过无线电数据链电台,及时传递给流动站。

(3)流动站通过无线电,接收基准站发射来的信息,将载波相位观测值实时进行差分处理,得到基准站和流动站间的坐标差$(\Delta x, \Delta y, \Delta z)$。

(4)上述坐标差加上基准站坐标,即为当前流动站测点在 GNSS 坐标基准下的坐标。

(5)通过坐标转换,得到当前测点在目标坐标系下的平面坐标(x, y)和高程 h,以及相应的精度。

3. RTK 测量的模式

(1)RTK 测量模式分类

因基准站样式和数据链通信方式不同,RTK 测量模式可分为电台模式、CORS(连续运行基准站系统)网络模式和单基站网络模式等。不同测量模式就仪器设备操作而言,有差异但更有相通之处,在应用场景、作业半径、可靠性等方面则区别较明显。

微课视频 4-2
GNSS 数字测图

(2)RTK 测量各模式优势劣势分析

①电台模式(内置电台、外接电台)。

优势:架设基准站即可测量,不受网络覆盖范围的影响,各测量时段信号较稳定。

劣势:电台的传输距离有限,作业半径仅 $0 \sim 15 \mathrm{km}$;电台功率较小,易受干扰;电台模式配件多,携带不便;必须用一台 GNSS 接收机作为基站,降低了作业效率。

②CORS 网络模式。

优势:无须架设基准站,实现单机作业;全国大范围已覆盖连续运行基准站,可随时观测,使用方便；使用固定可靠的通信方式，减少了噪声干扰；只需当地坐标参数，无须每次找已知控制点；基于 CORS 网络，部分 GNSS 接收机可直接测得 CGCS2000 坐标。

目前国家各级测绘主管部门可提供 CORS 账号，同时中国移动、千寻位置、华测导航、广州中海达等企业也可提供全国 CORS 账号服务。

劣势：手机网络信号差的情况下，容易导致延迟，甚至无法使用；在未覆盖区域无法使用（如部分海域、山区、沙漠等）；必须接入 4G/Wi-Fi/手机热点等网络才能使用。

③单基站网络模式。

单基站优劣性介于电台和 CORS 网络之间，测绘院校仍在广泛使用。

三、测前准备

不同 RTK 测量模式，除基准站架设与设置存在差异以外，其余操作基本一致，现以中海达 RTK 的 CORS 网络模式为例，介绍 RTK 数字化测图外业数据采集过程。

1. 测区资料收集与分析

全面收集测区已有图纸和影像资料，以及重要文本。熟悉测区概况与测况，进而规划分区作业。另外，已有图纸与影像可作为外业工作底图。

全面收集测区控制点成果。RTK 数字化测图同样需要控制点，应全面收集测区及外围等级控制点和图根点资料，并做好检核工作，检核点的点位中误差不应大于图上 0.1mm，高程中误差不应大于基本等高距的 1/10。

全面收集测区卫星定位测量资料及连续运行基准站系统的覆盖情况。

全面搜集测区的平面基准和高程基准的参数，包括参考椭球参数、中央子午线经度、纵横坐标的加常数、投影面高程、平均高程异常等。

全面搜集转换参数，包括卫星导航系统的地心坐标框架与测区地方坐标系的转换参数，以及相应参考椭球的大地高基准与测区的地方高程基准的转换参数。

及时开展卫星预报工作。选择 PDOP 值小于 6 的时间窗口，编制预报表（最长预报时间不宜超过 20 天）。

网络 RTK 使用前，到相应 CORS 服务中心进行登记注册，并应获得系统服务的授权。

2. 流动站仪器准备

检查设备是否齐全，包括 GNSS 接收机、电池、接收机天线、手簿、对中杆、钢卷尺、草图纸（本）、内存（或 PC 卡）、流量卡等，必要时还需准备支架或脚架。

检查设备是否正常。利用配套软件在计算机上对接收机进行必要的设置与更新，查看设备注册码是否到期，并开机检查是否存在异常现象。若一切正常便可开始作业。

3. 作业人员分工

作业人员合理分工。RTK 草图法测图一般配置领尺（绘图）员 1 名，跑尺员 1 名，按手簿人员 1 名。若手簿固定在对中杆上，跑尺员和按手簿人员可合二为一。

四、作业流程

微课视频4-3　微课视频4-4
GNSS-RTK 使用　GNSS-RTK 操作

1. 建立项目

（1）打开软件

将手薄开机，打开中海达 Hi-Survey 测量软件（道路版 ROAD 或电力版 Elec），其主界面如图 4-12 所示。

（2）输入新建项目名

参见图 4-12，点击【项目】→【项目信息】，显示最近项目的基本情况，如图 4-13 所示。

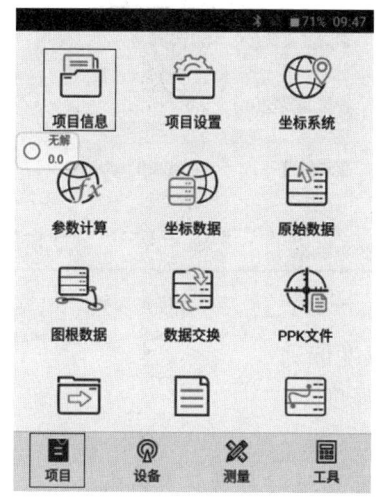

图 4-12　Hi-Survey 测量软件主界面

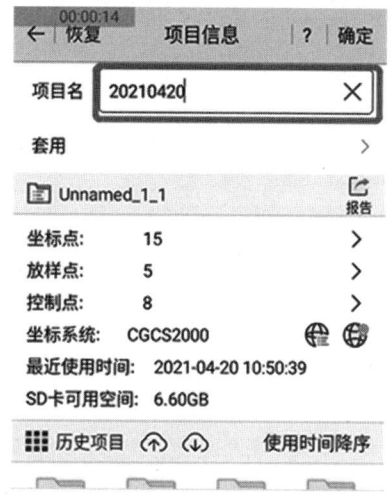

图 4-13　Hi-Survey【项目信息】界面

①新建项目测量。在【项目名】处，输入新的项目名称（必填），点击【确定】，自动跳转至新项目其他设置处。

注意：处于文字输入状态，按〈Fn〉键，可切换输入法（数字、字母、拼音等）。

②同一项目续测。测量临时中断，如更换电池，重新开机后可跳过本步操作，直接进入 RTK"点测量"状态。

③历史项目续测。若测量中断较久，后续已操作过其他文件，可打开对应历史项目，直接进入 RTK"点测量"状态。

（3）选择图例编码

在弹出的模板列表中，选择一个适合当前项目的图例，如 CASS。也可以直接点击【跳过】，将会进入坐标系统设置，如图 4-14 所示。

（4）设置项目——坐标系统

①设置路径。

a. 新项目名确定后，自动跳转至新项目【系统设置】界面，点击【坐标系统】，进入【投影参数设置】和【基准面参数设置】界面。

b. 点击主界面【项目设置】，进入【系统设置】及后续设置界面。

c. 点击主界面【坐标系统】，直进【投影参数设置】和【基准面参数设置】界面。

d. 点击【项目设置】→【系统】→【项目坐标参数】→【⊕坐标系统管理】，长按系统列表中的【坐标系统】，点击【编辑】即可进入该界面。

②投影参数设置，如图 4-15 所示。

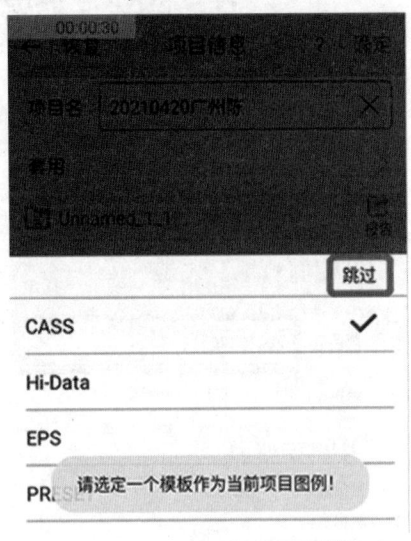
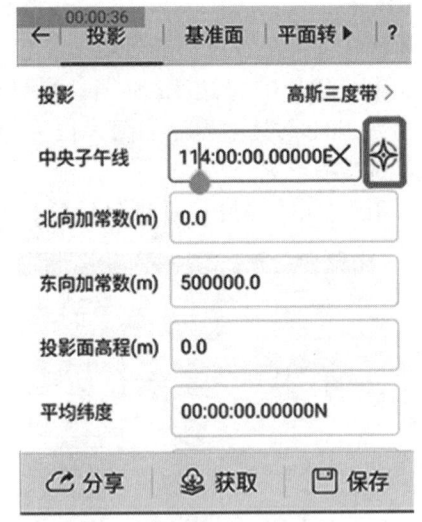

图 4-14　Hi-Survey【选择项目图例】界面　　　图 4-15　Hi-Survey【投影参数设置】界面

a. 投影：国内大比例尺测图，通常选择高斯三度带。

b. 中央子午线：正确录入测区中央子午线的经度。

注意：

①连接主机时，可通过输入框后方的获取图标◈进行自动获取匹配。

②浙江横跨 3 个高斯三度带，绝大部行政区的中央子午线为东经 120°，浙西、浙东则分涉 117°和 123°中央子午线。

③线形工程可能涉及任意带投影。

图 4-16　Hi-Survey【基准面参数设置】界面

④地方坐标系的中央子午线未必为能被 3 整除的标准值。

c. 北向加常数：通常为 0。

d. 东向加常数：通常为 500000m（即 500km）。

e. 投影面高程：输入测区平均高程。

f. 平均纬度：输入测区平均纬度。

g. 投影比例尺因子：通常为 1。

h. 加带号：通常不开启。

i. X 正方向（北向）：应开启（北半球测量坐标系）。

j. Y 正方向（东向）：应开启（北半球测量坐标系）。

③基准面参数设置，如图 4-16 所示。

a. 源椭球：通常选 WGS84，不过当前主流 RTK 大多支持 CGCS2000。顾及基准站不同端口发送不同椭球的差分信号，建议源椭球选择与后续端口绑定的椭球保持一致。

另外,也有部分 RTK 无须设定源椭球(大概率由差分信号自动判读源椭球)。

　　b.长半轴 a(m):根据所选源椭球自动录入。

　　c.扁率 1/f:根据所选源椭球自动录入。

　　d.目标椭球:根据测区坐标系统正确选择,如 CGCS2000、北京 54、西安 80 等。

　　e.长半轴 a(m):根据所选目标椭球自动录入。

　　f.扁率 1/f:根据所选目标椭球自动录入。

　　g.转换模型(椭球转换):转换模型有【无】【布尔莎七参数】【莫洛登斯基三参数】【一步法】和【多项式回归模型】等选项。生产上应根据已知控制点个数、精度等级及空间分布等因素,合理选择椭球转换模型,其中小区域 RTK 测图可选【无】。

　　事实上,此处转换模型选择与后续参数计算【计算类型】选择存在联动关系。

　　重要提醒:所有参数设置完成后点击【保存】,弹出【是否将当前配置覆盖到坐标系统管理列表】对话框,点击【确定】完成坐标系统参数设置。

　　2.设备连接与设置

　　(1)设备连接

　　此操作特指手薄与 GNSS 接收机间的连接。

　　连接方式有 NFC、蓝牙、网络、Wi-Fi 等,可应用于不同场景。其中,NFC 虽为首推项,但很多设备尚无此功能,实际工作中蓝牙连接反而最为普及。

　　如图 4-17 所示,点击手薄主界面【设备】→【设备连接】→【方式】→【蓝牙】→【连接】→【搜索设备】,然后选中对应主机机身号→确定蓝牙配对连接→仪器自检。

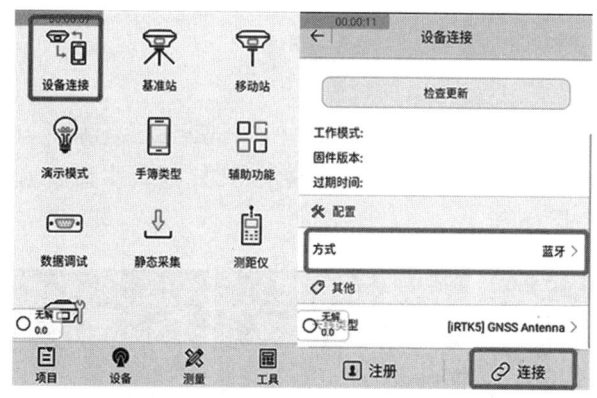

图 4-17　手薄与 GNSS 接收机间的连接设置

　　连接成功后可查看主机对应的工作模式、固件版本信息、过期时间等信息。

　　(2)设置基准站

　　RTK 测量在 CORS 网络模式下,无须设置基准站。

　　RTK 测量在电台模式下,需设置基准站。

　　(3)设置移动站

　　①确认移动站联网方式。

　　CORS 网络模式下,移动站的联网有以下三种方式。

　　a.手机卡(SIM 卡)插到主机卡槽,数据链选择【内置网络】。

b. 手机卡（SIM 卡）插入手簿背后卡槽，数据链选择【手簿差分】。

c. 主机与手簿均不插卡，让手簿连接手机热点联网，数据链仍选择【手簿差分】。

因手机热点联网无须专配手机卡，故在教学和生产中被广泛使用。下面以此为案例介绍移动站设置过程。

②打开手机热点。

如图 4-18 所示，进入手机控制中心，打开【个人热点】，并长按个人热点图标，查看网络名称、密码和最大连接数等配置信息。

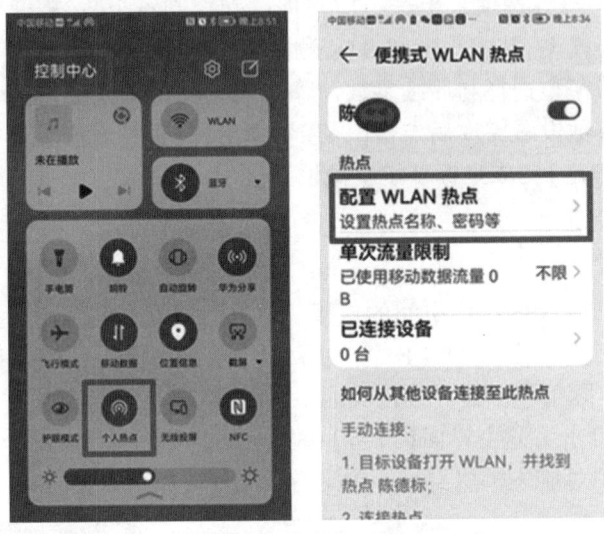

图 4-18　手机控制中心的 WLAN 热点配置信息

③打开手簿 WLAN 并连接到手机热点。

如图 4-19 所示，将手簿开机，按物理菜单键，或点击应用图标，找到【系统设置】；点击【系统设置】，打开 WLAN，查找对应热点；点击对应热点并输入密码（仅首次需要）后，点击【连接】，成功后手簿顶部出现热点图标并常亮。

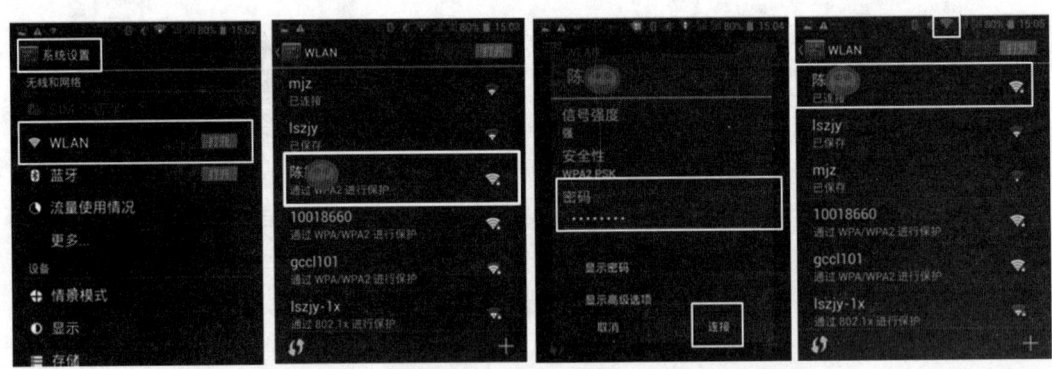

图 4-19　手簿 WLAN 连接到手机热点的操作界面

④设置移动站，如图 4-20 所示。

a. 移动站数据链配置。点击软件主界面【设备】→【移动站】→【数据链】，数据链选择【手簿差分】，服务器选择【CORS】，输入 IP 和端口名（注意对应椭球），也可通过服务器栏的【选择】功能,从预置的服务器列表中进行快速选择及补充修改。点击【源节点】栏的【设置】→【获取源节点】,根据接收机自身性能,合理选择差分源节点。最后输入CORS的用户名和密码。

图4-20　设置移动站的操作界面

　　b.保存设站模板。完成手簿差分配置后,为了便于后续复用,建议保存为模板。点击【保存】进行设站模板的保存。

　　c.完成移动站数据链设置。保存后,点击【设置】完成移动站数据链设置。此时,移动站主机差分信号灯一秒一闪,若在室外,手簿将显示固定。

　　3.参数计算

　　(1)选择参数计算类型

　　RTK测图涉及的坐标转换形式多样,包括椭球(基准面)转换、平面转换、高程拟合和项目坐标参数等,它们各自适用于不同场景,具体情况如表4-10所示。

参数计算类型　　　　　　　　　　　　　　　　　　　表4-10

序号	参数分类	计算类型	已知点个数	适用范围
1	椭球转换	三参数	≥1	适用于小区域测量。其计算空间向量的三个平移量,用于WGS84向国家坐标系转换,或国家坐标系间转换
2		七参数	≥3	适用于大中区域测量。其计算空间向量的三个平移量、三个旋转量和一个尺度,用于不同椭球间坐标系转换
3	平面转换	四参数	≥2	适用于小区域测量。其计算平面向量的两个平移量、一个旋转量和一个尺度,用于平面坐标系转换

续上表

序号	参数分类	计算类型	已知点个数	适用范围
4	高程拟合	固定差改正	≥1	适用于小区域测量。接收机测到的高程加上固定常数作为使用高程，常数可正或负
5		平面拟合	≥3	适用于小区域测量。对应于多个水准点处的高程异常，生成一个最佳的拟合平面
6		曲面拟合	≥6	适用于中等区域测量。对应于多个水准点处的高程异常，生成一个最佳的拟合抛物面。曲面拟合对起算数据要求比较高
7		带状拟合	≥3	适用于线形工程测量
8	项目坐标参数	点平移	1	适用于小区域测量。其计算两坐标系统之间的平面平移参数、高程平移参数，可用于去除原始 X 坐标百位千位值，Y 坐标百位值，或平移其他特定常数
9		点校验或基站校正	1	用于计算两坐标系统之间的大地坐标平移参数。适用于基站发生变化时校正，也适用于只有一个控制点(旋转角必须很小)的测区。注：三个平移参数值均不宜大于 120m

如图 4-21 所示，点击【参数计算】→【计算类型】，可查看设备支持的计算类型。生产上最常见的计算类型为【四参数 + 高程拟合】。求参数时应选用测区外围边界、距离较远的已知控制点，至少 2 个，提倡用 3 ~ 4 个点求参数，以此提高精度和可靠性。

图 4-21　Hi-Survey【参数计算】界面

（2）参数点对准备（四参数计算）

①将已知点坐标录入【控制点】点库。

如图 4-22 所示，点击【项目】→【坐标数据】→【控制点】→【添加】，逐一录入。

②采集对应已知点的实时坐标数据。

如图 4-23 所示，点击【测量】→【碎部测量】，进入【碎部测量】界面，采集已知点实时坐标数据(固定解，且宜平滑采集)，并保存至【坐标点】点库中，必要时按控制点(图根测量)方式采集。

（3）参数点对坐标的添加

①源点添加。

如图 4-24 所示，进入【参数计算】界面后，点击【添加】进行点对的添加。【源点】选择刚刚采集的坐标点实时数据,强烈建议选择【BLH】,点击列表选点添加,此时录入【原始数据】的经纬度。若选择【NEZ】,则录入【坐标点】点库中的平面坐标和高程。

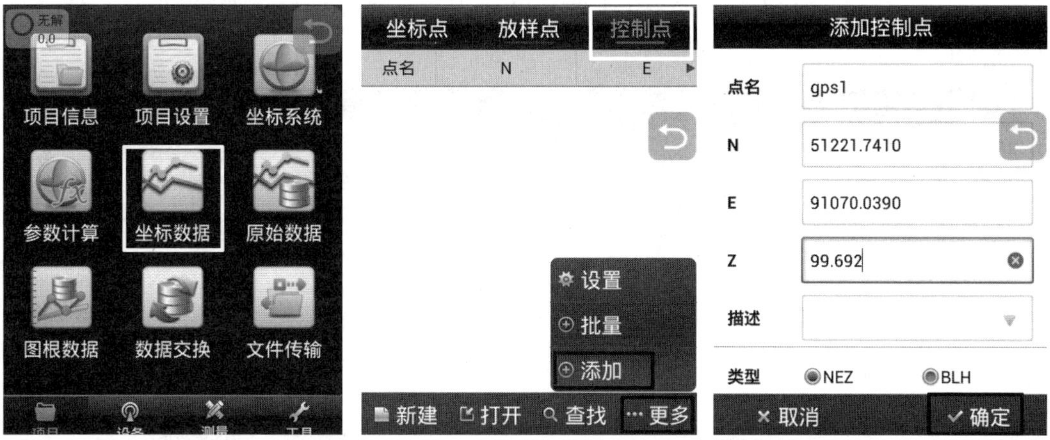

图 4-22 Hi-Survey【坐标数据】界面

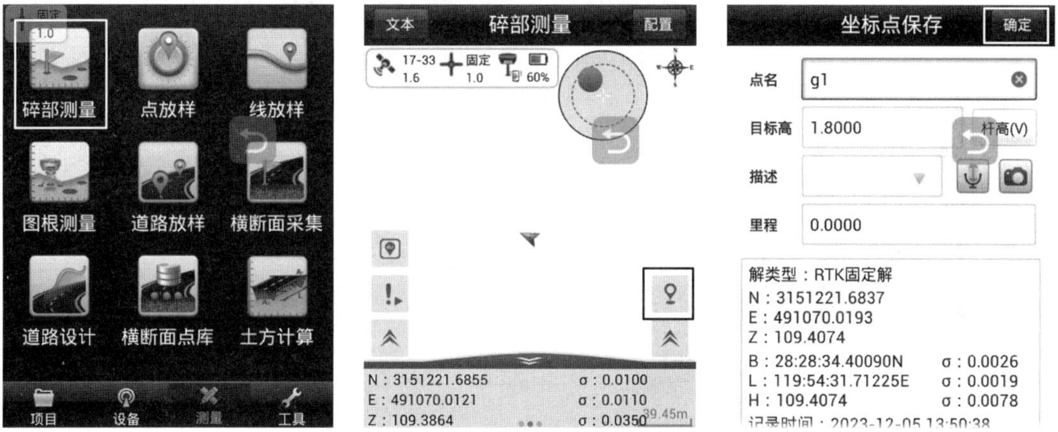

图 4-23 Hi-Survey【碎部测量】界面

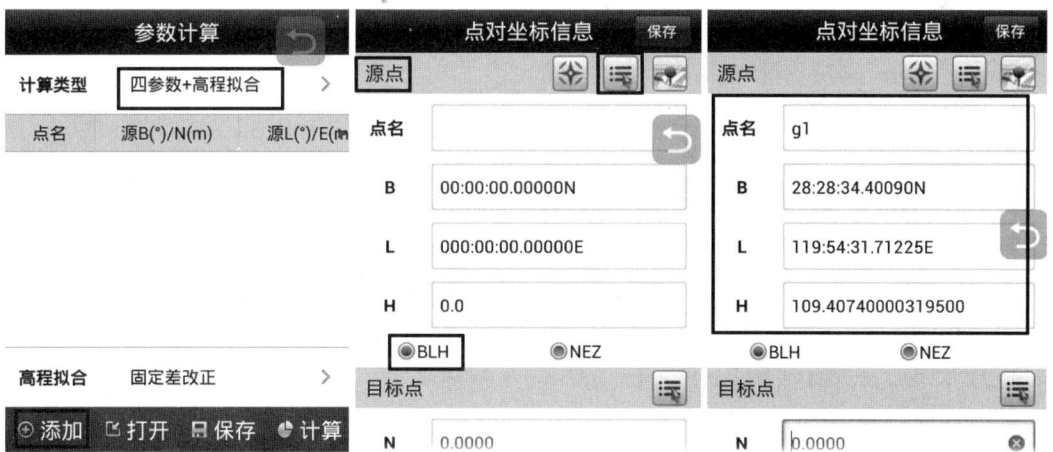

图 4-24 在【参数计算】中添加【点对坐标信息】

②目标点添加。

如图 4-25 所示，目标点的平面坐标与高程，通常从【控制点】点库中选点调入，如 gps1（务必与源点位置采集的坐标对应），勾选【平面】和【高程】，检查无误后点击【保存】，完成 1 组参数点对的录入。

图 4-25　在【点对坐标信息】中添加【控制点】

同理录入第二组，且至少录入 2 组。

（4）计算并应用

如图 4-26 所示，确认参数计算类型（四参数 + 高程拟合. 固定差改正），确认参与计算的参数点对（勾选），点击【计算】，开始计算转换参数，注意查看结果。

图 4-26　在【参数计算中】确认【计算类型】并应用

关注尺度（K），其值接近于 1。就测图而言，理应达到三个"9"或三个"0"。

关注旋转角，其值通常接近 0°或 360°，若为 180°左右，大概率是点对信息录反了！

检查无误后，点击【应用】，可将参数应用到坐标系统中。

此时仪器将提示"正在更新坐标点库……"。

重要提醒：

①这里的更新，使用原始数据中的经纬度（源经纬度和大地高）和刚才所求的参数，计算

更新全部 **RTK** 采集到的坐标点,包括碎部点、图根点,当然也包括求解参数用的碎部点!

②二次求参,若源点调用【坐标点】点库中的【NEZ】(已是一次参数转换的结果),将导致重大错误!

【坐标点】点库更新完成后,可进入项目主界面【坐标系统】查看【平面转换】和【高程拟合】的参数应用情况。

最后应到其他已知点上实测检查,比对坐标差,确保无误。

(5)项目坐标参数文件(* . dam)套用

历史项目求解参数所用控制点的覆盖范围包含当前项目测区时,可以直接套用历史项目的坐标参数。操作步骤如下:

在 Hi-Survey 软件主界面点击【项目】→【项目信息】→【项目名】(输入新项目名)→【确定】【项目设置】→【系统】→【项目坐标参数】,然后点击图标【dam】→打开对应【历史文件】→点选【dam 文件】→点击【确定】,完成坐标参数加载和坐标数据更新,且在当前项目【坐标系统】中可看到参数套用情况。

五、数据采集

对于跑尺方法、地物地貌测绘、综合取舍、草图绘制和测前\测后检查等,RTK 数据采集可参照全站仪测图,不予重复细说。下面重点介绍 RTK 常规点测量、间接测量和倾斜测量三种功能。

1. 常规点测量

(1)测量配置

如图 4-27 所示,点击软件主界面【测量】→【碎部测量】→【配置】→【显示】,对显示内容进行配置;点击【数据】,对解类型、物理采集键、采集同名点、平面精度、高程精度、点号累加步长等进行合理配置。

图 4-27　Hi-Survey【常规测量配置】界面

(2)碎部测量

如图 4-28 所示,进入【碎部测量】界面后,点击【图形】/【文本】切换界面(有些 RTK 只有一个界面),正确录入点名、目标高、描述,查看解类型及数据质量,若符合要求,点击🔘手动采集键或物理采集键即可。

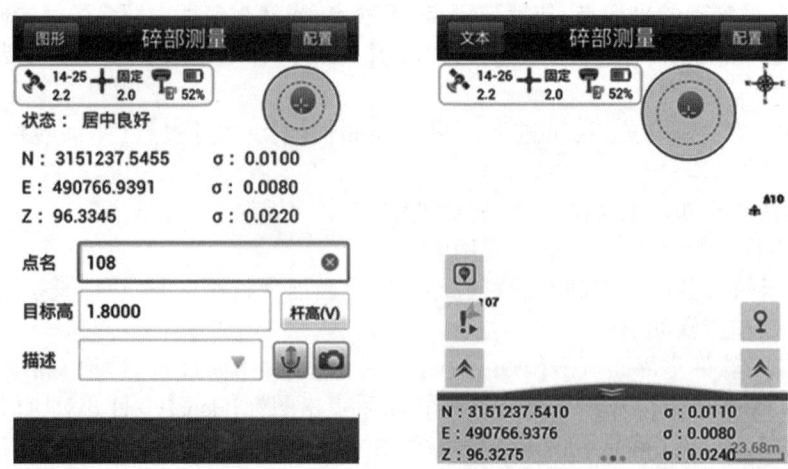

图4-28　Hi-Survey【碎部测量】界面

进行 RTK 数据采集时，需特别关注以下信息：

①目标高常选【杆高】，即对中杆自身的高度（杆上刻度值）；

②解状态（类型）应选【RTK 固定解】，浮动解、伪距、广域差分、单点解均不应存储；

③差分龄期宜控制在 3s 以内；

④空间位置精度因子 PDOP 宜控制在 4 以内；

⑤平面精度宜控制在 30mm 以内；

⑥高程精度宜控制在 50mm 以内；

⑦测量延迟，对中杆立稳后不宜马上采集数据，静置 2～3s 后采集较妥；

⑧【碎部测量】界面还可查看公共卫星数、主机电量、电子气泡、方位、数据链等信息，点击【卫星】图标和【解】图标，可查看其详细信息及卫星高度截止角设置。

2. 间接测量

测点观测条件不好，无法使用常规点测量时，点击 $\bullet^{\bullet}$ 图标可进入间接测量模式。

如图 4-29 所示，多数仪器会提供方向线交会、距离交会、方向线延伸等间接测量方法。注意：距离交会存在两个交点，实测中务必按设备规定顺序施测！

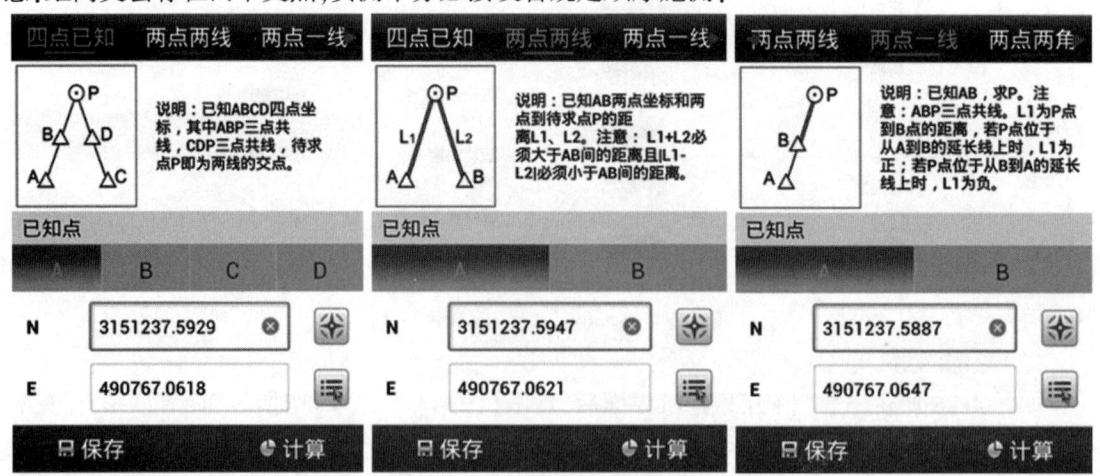

图4-29　Hi-Survey【间接测量】界面

3.倾斜测量

惯性测量单元应用于RTK,有效解决了仪器中心无法到达测点(如房角)的测量问题,当前惯导RTK均有此功能。使用时注意:

①为保障精度,建议倾斜角度在30°以内;

②初始化时实际杆高和软件中输入目标高要保持一致;

③手簿显示"倾斜不可用"时,可尝试左右或前后缓慢晃动RTK解决;

④开机、手动打开惯导模块、静止时间较长、对中杆用力戳地、倾斜超过65°、转速过快等,均需要重新初始化。

六、RTK测图之数据传输

1.数据交换

完成数据采集后,需进行数据交换,按成图软件数据格式要求(如南方的∗.dat),将原始数据导出至手簿特定文件夹,如ZHD/OUT。

如图4-30所示,点击软件主界面【项目】→【数据交换】→【原始数据(坐标点数据)】(默认),选择导出格式或自定义,修改文件名(如cdb20220802),无误后点击【确定】,完成数据交换,则在相应文件夹中可看到交换后的文件。同理,可将【放样点】【控制点】【图根数据】导出。

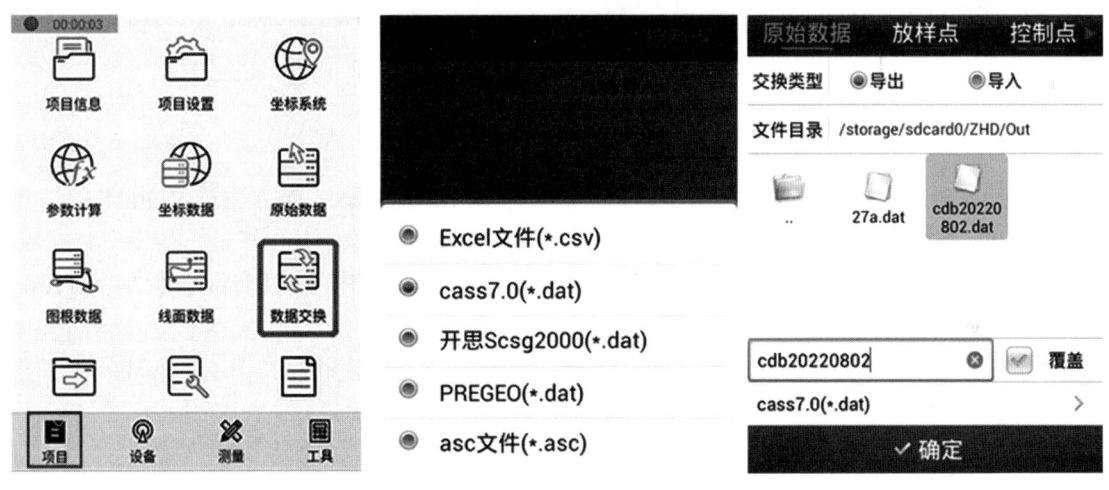

图4-30 Hi-Survey【数据交换】界面

2.数据下载

(1)手簿与计算机连接

①将手簿与计算机用配套的USB数据线连接,打开通知栏下拉菜单,点击【USB设置】项,查看与计算机的USB连接方式(即用途)。

②点选【USB存储设备】,将弹出【打开USB存储设备】对话框,点击【打开】→【确定】,完成手簿与计算机的连接。

③若已选择【USB 存储设备】，则在下拉菜单中点击【已连接 USB】，继而点击【打开 USB 存储设备】；或点击【关闭 USB 存储设备】，再次点击【切换】，最后点击【打开】。

④若 USB 数据线已设置为数据下载模式，则手簿与计算机用数据线接好后，自动跳转至【打开 USB 存储设备】提示项。

（2）从手薄中复制数据

在计算机端，打开【计算机】→【可移动磁盘】→【ZHD】→【OUT】→【数据文件】，查看或下载相应数据文件。

七、数据检查整理

同步训练 4-2

每日观测完成后，宜将 RTK 采集的数据转存至计算机，并应进行检查处理，应删除或标注作废数据、重测超限数据、补测错漏数据，及时生成原始数据文件并备份。

> **同步训练 4-2**
> 目标：熟悉 RTK 数字化测图外业数据采集。

任务3　CASS-SouthMap 成图

一、成图软件简介

目前，地形地籍数字成图软件种类较多，主要有南方数码 CASS、南方测绘 SouthMap、清华山维 EPSW、瑞德 RDMS、开思 SCS 等。

CASS 已有二十余年发展史，其始于 4.0，经 5.1、7.1、9.1、10.1，目前最新版本为 11.0，CASS 成图软件在测绘行业中占有重要地位。

SouthMap 与 CASS 同属南方产品，两者相似度较高。2021 年和 2022 年，SouthMap 为工程测量技能大赛省赛、国赛指定（赞助）成图软件。

二、主界面

CASS 在生产单位和学校均十分普及，且不同版本同时存在，其中 9.1 版应用最为广泛，其主界面如图 4-31 所示。

①标题栏：显示当前正在运行的程序名和正在编辑的文件名。

②CASS 下拉式菜单：位于主界面第二行，几乎所有 CASS 的操作均可通过调用菜单功能来实现。它包括【文件】【工具】【编辑】【显示】【数据】【绘图处理】【地籍】【土地利用】【等高线】【地物编辑】【检查入库】【工程应用】和【其他应用】等子菜单。

③CAD 工具栏：下拉式菜单下方，包括 CAD 标准工具栏等，可按需显示或隐藏。

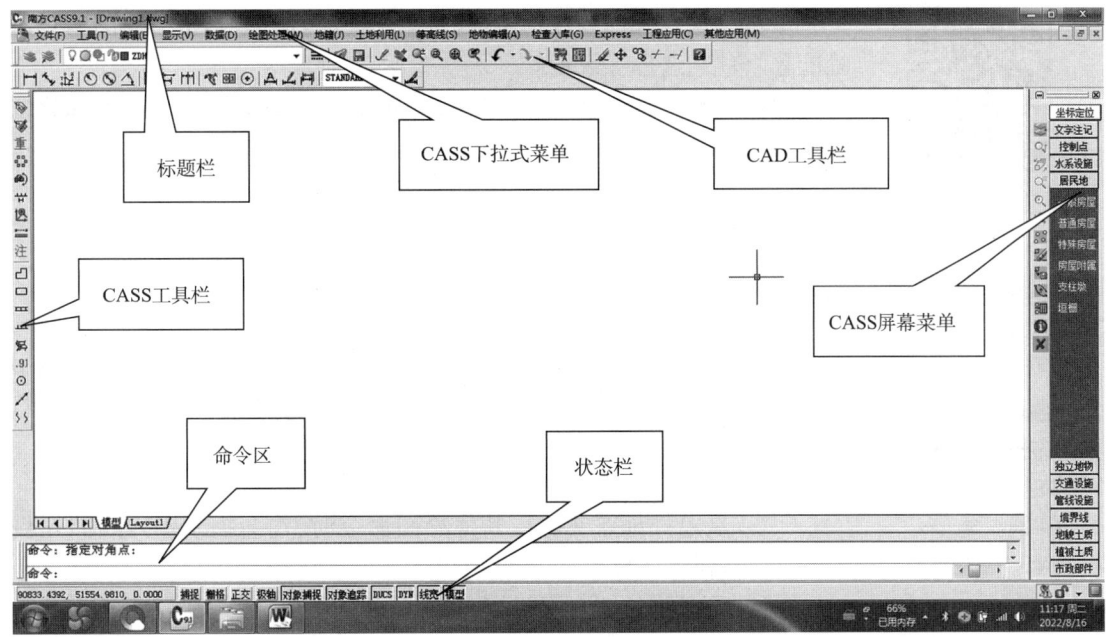

图 4-31   CASS9.1 主界面

④CASS 工具栏:主界面左侧,包括 CASS 实用工具栏等,可按需显示或隐藏。

⑤CASS 屏幕菜单:主界面右侧,包括【坐标定位】【文字注记】【控制点】【水系设施】【居民地】【独立地物】【交通设施】【管线设施】【境界线】【地貌土质】【植被土质】和【市政部件】等子菜单。

⑥命令区:主界面(绘图区)下方,常显示 3 行,最下面一行等待键盘输入命令。

⑦状态栏:命令区下方,用于显示光标坐标,开闭正交、极轴、对象捕捉功能等。

重要提醒:绘图前认真查看,并设置对象捕捉模式,【节点】必须勾选。

⑧绘图区:主界面中间广阔区域。

三、参数配置

1. CASS 参数配置(【文件】→【CASS 参数配置】)

功能:设置 CASS 软件的各种参数。

①【地物绘制】选项卡:包括高程注记位数,斜坡、电杆和围墙绘制样式,填充符号间距、默认坎高、高程点字高、展点号字高、建筑物字高等设置。

②【电子平板】选项卡:包括通信口、波特率和检验等设置。

③【高级设置】选项卡:包括生成(读入)交换文件、各类计算取位、DTM 三角形最小角(默认 10°)等设置。

重要提醒:土石方计算中为防止陡坎处构网异常,三角形最小角宜设置为微小值。

④【图廓属性】选项卡:包括图名、图号、单位名称、坐标系、高程系、图示、日期、比例尺、秘级等设置。

2. AutoCAD 系统配置(【文件】→【AutoCAD 系统配置】)

功能:设置 CAD 软件的各种参数。

微课视频 4-5
数据读取

绘图处理(W)　地籍(J)　土地和

定显示区
改变当前图形比例尺
展高程点
高程点建模设置
高程点过滤
高程点处理
展野外测点点号
展野外测点代码
展野外测点点位
切换展点注记
展点按最近点连线

图 4-32　碎部点展绘的【绘图处理】下拉菜单

AutoCAD 系统配置包括文件、显示、打开与保存、打印、系统、用户系统配置、草图、选择等设置。

重要提醒：为防止已绘图形丢失，务必打开自动保存功能，时间建议设定为 **5min**。

四、展绘碎部点

具体步骤如下。

①定显示区(【绘图处理】→【定显示区】)。

通过给定坐标数据定出图形的显示区域，保证所有碎部点均显示在屏幕上，以便绘图。绘制新图前宜先执行该操作，若未做，则通过视图缩放实现全图预览。

②输入绘图比例尺。

展绘碎部点或执行其他绘图命令时，均会提示输入绘图比例尺，按需输入即可。

③展野外测点点号(【绘图处理】→【展野外测点点号】)。

重要提醒：草图法测图应按此方式展点，如图 **4-32** 所示。

④展野外测点代码(【绘图处理】→【展野外测点代码】)。

⑤展野外测点点位(【绘图处理】→【展野外测点点位】)。

⑥展高程点(【绘图处理】→【展高程点】)。

⑦切换展点注记(【绘图处理】→【切换展点注记】)。

五、地物绘制

1. 屏幕菜单绘制地物

（1）面状地物绘制

①例 1：房屋绘制（四点房屋）。

如图 4-33 所示，单击 CASS 屏幕菜单中的【居民地】→【一般房屋】→【四点房屋】→【确定】。查看命令行提示"1. 已知三点/2. 已知两点及宽度/3. 已知两点及对面一点/4. 已知四点"，根据外业测点情况选择绘制方法，若只采集了三个房角点，则在命令行输入"1"。结合草图，依次捕捉三个房角点，即可完成四点房绘制。

②例 2：桥梁绘制（依比例级面桥）。

如图 4-34 所示，单击 CASS 屏幕菜单中的【交通设施】→【桥梁】→【依比例级面桥】→【确定】。查看命令行提示，结合草图，依次捕捉第一点、第二点（对岸测点）和对面一点（上游或下游方向测点），即可完成依比例级面桥绘制。

（2）线状地物绘制

①例 3：垣栅绘制（依比例围墙）。

单击 CASS 屏幕菜单中的【居民地】→【垣栅】→【依比例围墙】→【确定】。查看命令行提示，结合草图，按顺序依次捕捉第一点、第二点……第 n 点、结束点，右击确认连线结束，并确定是(Y)否(N)拟合，输入墙宽(左 + 右 –)，即可完成依比例围墙绘制。

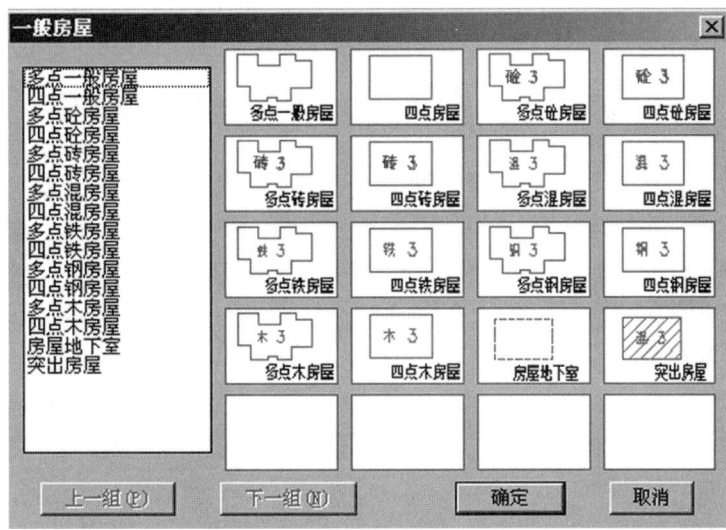

图4-33 地物绘制的【一般房屋】菜单

图4-34 地物绘制的【桥梁】菜单

②例4:城市道路绘制(内部道路)。

单击CASS屏幕菜单中的【交通设施】→【城市道路】→【内部道路】→【确定】。查看命令行提示,结合草图,按顺序依次捕捉第一点、第二点……第 n 点、结束点,右击确认连线结束,并确定是(Y)否(N)拟合,即可完成内部道路绘制。

③例5:人工地貌绘制(加固陡坎)。

如图4-35所示,单击CASS屏幕菜单中的【地貌土质】→【人工地貌】→【加固陡坎】→【确定】。查看命令行提示,结合草图,按顺序依次捕捉第一点、第二点……第 n 点、结束点,右击确认连线结束,并确定是(Y)否(N)拟合,即可完成加固陡坎绘制。

图4-35　地物绘制的【人工地貌】菜单

（3）点状地物绘制

①例6：平面控制点绘制（埋石图根点）。

如图4-36所示，单击CASS屏幕菜单中的【控制点】→【平面控制点】→【埋石图根点】→【确定】。查看命令行提示，结合草图，准确捕捉点位或采用点号定位，录入高程、点名等，即可完成埋石图根点的绘制。

图4-36　地物绘制的【平面控制点】菜单

②例7：名胜古迹绘制（纪念碑）。

如图4-37所示，单击CASS屏幕菜单中的【独立地物】→【名胜古迹】→【纪念碑】→【确定】。查看命令行提示，结合草图，准确捕捉点位或采用点号定位，即可完成纪念碑绘制。

③例8：管道附属绘制（消火栓）。

如图4-38所示，单击CASS屏幕菜单中的【管道设施】→【管道附属】→【消火栓】→【确定】。查看命令行提示,结合草图,准确捕捉点位或采用点号定位,即可完成纪念碑绘制。

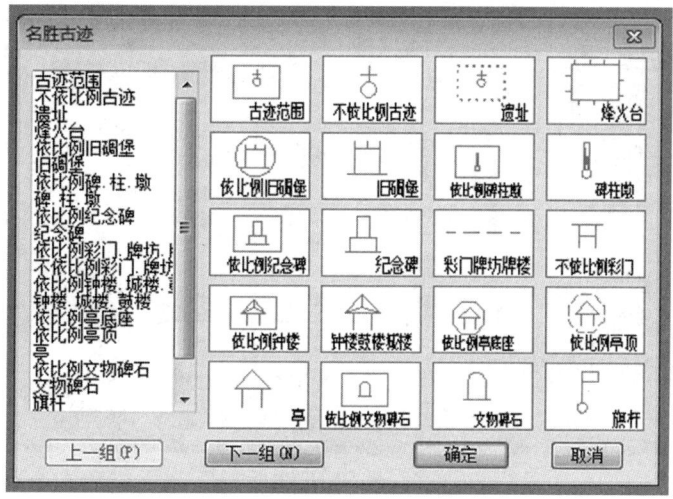

图 4-37　地物绘制的【名胜古迹】菜单

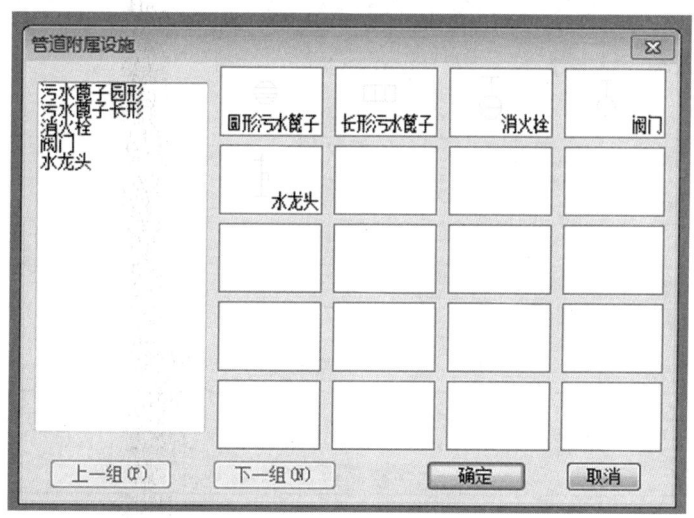

图 4-38　地物绘制的【管道附属设施】菜单

④例9:林地绘制(针叶独立树)。

如图4-39所示,单击 CASS 屏幕菜单中的【植被土质】→【林地】→【针叶独立树】→【确定】。查看命令行提示,结合草图,准确捕捉点位或采用点号定位,即可完成针叶独立树绘制。

2.工具栏绘制地物

如图4-40所示,单击 CASS 实用工具栏相应图标,可绘制四点房、围墙、陡坎等常见地物,还可执行交互展点、文字注记、重新生成等操作命令。

3.快捷命令绘制地物

①数字测图常见的 CAD 快捷命令如表4-11所示。

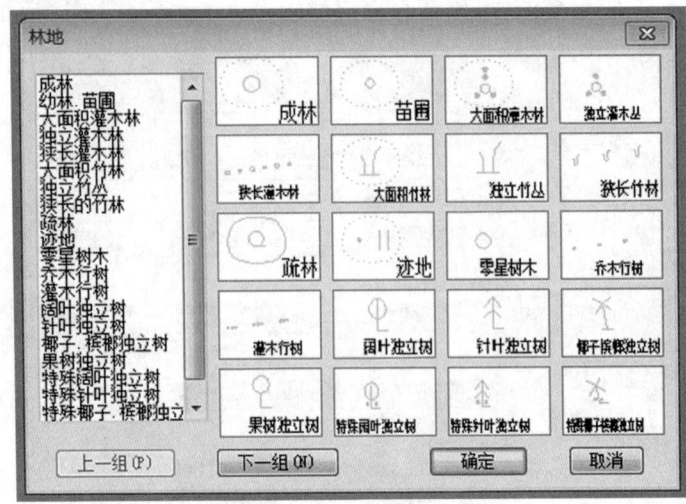

图 4-39　地物绘制的【林地】菜单

图 4-40　CASS 实用工具栏

CAD 快捷命令
表 4-11

快捷键	命令	快捷键	命令	快捷键	命令
A	画弧	PL	画复合线	Z	屏幕缩放
C	画圆	LA	设置图层	PE	复合线编辑
CP	拷贝	LT	设置线型	R	屏幕重画
E	删除	M	移动		
L	画直线	P	屏幕移动		

②数字测图常见的 CASS 快捷命令如表 4-12 所示。

CASS 快捷命令
表 4-12

快捷键	命令	快捷键	命令	快捷键	命令
DD	通用绘图	SS	绘制四点房屋	V	查看实体属性
D	绘制电力线	H	线型换向	WW	批量改变复合线宽
FF	绘制多点房屋	J	复合线连接	X	多功能复合线
G	绘制高程点	KK	查询坎高	Y	复合线上加点
I	绘制道路	AA	给实体加地物名	O	批量修改复合线高
K	绘制陡坎	F	图形复制	Q	直角纠正
T	注记文字	N	批量拟合复合线	U	恢复
W	绘制围墙	RR	符号重新生成		
XP	绘制自然斜坡	S	加入实体属性		

六、地物编辑

数字地形图内业绘图处理过程中,地物的编辑修改是很重要的一环。【地物编辑】下拉菜单如图 4-41 所示,其中各地物编辑命令介绍如下。

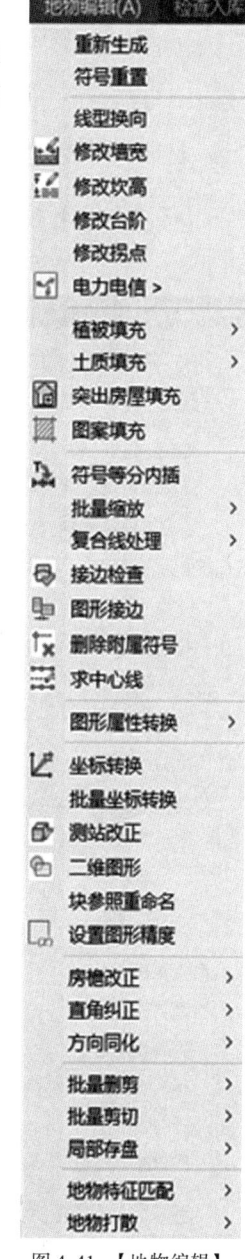

①重新生成:围墙、台阶、桥梁等地物骨架线改动后,基于【重新生成】命令,手工选择实体(点击骨架线)或重构所有实体。可完成地物重构。

②符号重置:花圃、草地等填充符号按新设定值重新填充。

③线型换向:更改陡坎、斜坡等毛刺朝向。

④修改墙宽:更改围墙、城墙等宽度。

⑤修改台阶:常用于修改不规则复杂台阶的轮廓线。

⑥修改拐点:常用于修改不规则复杂桥梁的轮廓线。

⑦电力电信:常用于电杆上加绘弱电或强电线缆。

⑧植被填充:用稻田、林地、花圃等植被符号填充封闭区域。

⑨土质填充:用沙地、石块地等土质符号填充封闭区域。

⑩突出房屋填充:将房屋用待定线条填充,以突出显示之。

⑪图案填充:用几何图案或线条填充封闭区域。

⑫符号等分内插:在选定首尾符号间,沿直线等分内插相同符号。

⑬批量缩放:用于批量缩放文字、符号和圆圈。

⑭复合线处理:用于复合线加点、删点、连接、拟合及属性编辑等。

⑮图形接边:图形间有少许重叠、分离、交叉,可用此接边或接线。

⑯求中心线:在两复合线间内插中心线。

⑰图形属性转换:更改图层、编码、图块、线型、字型等。

⑱坐标转换:用于四参数转换计算和七参数转换计算。

⑲测站改正:数字测图中,【测站改正】是一项非常重要的命令,其原理是平面四参数转换,且长度比 K 等于 1,即只涉及平移和旋转两个参数。由此可知,实施测站改正,至少要有两个公共点。操作步骤如下:

展转前点号或图形(含公共点)→展转后公共点→地物编辑→测正改正→指定纠正前第一点→指定纠正前第二点方向→指定纠正后第一点→指定纠正后第二点方向→选择要纠正的图形实体→输入纠正前数据文件名并打开→输入纠正后数据文件名并打开→完成图面改正和坐标数据改正。

⑳二维图形:用于将三维数字化地形图转变为不含高程的二维平面地形图。

图 4-41 【地物编辑】
下拉菜单

㉑房檐改正:用于房檐编辑,可逐边修改,亦可批量修改。

㉒直角纠正:用于直角改正,可单角修改,亦可整体修改。

㉓方向同化:用于改化雨篷子等地物的朝向,使其均平行或垂直于参考线。

㉔批量删剪：用于删剪窗口、指定多边形的内部（或外部）图形。

㉕批量剪切：用于剪切窗口、指定多边形的内部（或外部）线条。

㉖局部存盘：用于局部图形存盘。

㉗地物特征匹配：将目标实体匹配成源对象。可逐一匹配，亦可批量匹配。

㉘地物打散：可打散独立图块，亦可打散复杂线型。

七、等高线绘制

【等高线】下拉菜单如图 4-42 所示。等高线是自然地貌的主要表达方式，其绘制过程如下。

图 4-42　【等高线】下拉菜单

1. 地形点坐标数据准备

绘制等高线前，应对地形点数据进行检查整理，别除 RTK 基站点、测区外围控制点、独立石高程点、桥面高程点，以及其他错误或不合理的高程点。

注意：宜将地形点坐标数据分离，并另存为独立文件。

2. 绘制地性线

绘制等高线前，宜展点号，并绘出山脊线、山谷线、坎顶线和坎脚线等地性线，以备后续参与构网。

3. 建立 DTM（三角网）

DTM 可由数据文件生成或由图面高程点生成，建议选择数据文件方式。步骤如下：

单击 CASS 下拉菜单【等高线】→【建立 DTM】，然后点选【由数据文件生成】，选择并打开【数据文件】，勾选【建模过程手工选取地性线】，接着单击【确定】→【地性线】，最后选择并确认，即可建立 DTM。地性线参与构网可有效解决等高线失真问题。

4. 图面 DTM 完善

图面 DTM 完善的主要方法有删除三角形、过滤三角形、增加三角形、三角形内插点、删三角形顶点、重组三角形等。

修改完善后，务必单击【修改结果存盘】！

必要时，单击【三角网存取】，将修改后的三角网写入文件。

5. 绘制等高线

单击【绘制等高线】，弹出【绘制等值线】界面，显示【最小高程】和【最大高程】，输入等高距（1∶500 测图，平坦地输入"0.5"），默认【三次 B 样条拟合】，单击【确定】，完成等高线绘制，如图 4-43 所示。

单击【删三角网】，留下等高线和地物。

6. 等高线修剪

根据《国家基本比例尺地图图式　第1部分:1∶500 1∶1000　1∶2000 地形图图式》(GB/T 20257.1—2017),等高线遇到房屋、公路、双线河渠等符号时,应表示至符号边线;单色图上等高线遇到各类注记、独立地物、植被符号时,应间断。故等高线需修剪。

参见图4-44,单击【等高线修剪】→【批量修剪等高线】,弹出【等高线修剪】对话框,在【修剪选择】选项组点选【按范围线选择】,勾选【修剪地物】选项组中所有复选框,在【修剪类型】选项组点选【消隐】(或【剪切】),如图4-44 所示。

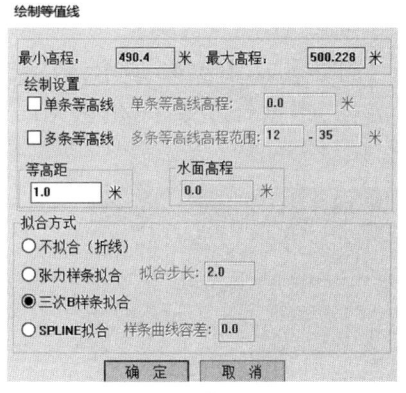

图4-43 【绘制等值线】对话框

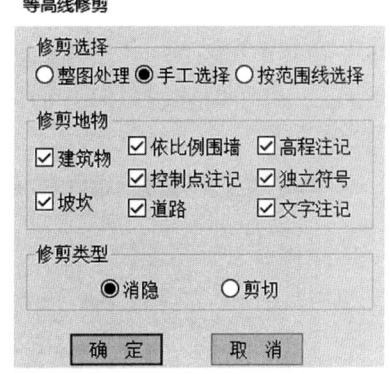

图4-44 【等高线修剪】对话框

最后单击【确定】,完成等高线消隐(或剪切)。

7. 等高线注记

等高线注记是识读地形图的重要依据,分单个高程注记和沿直线高程注记两种,后者又分只处理计曲线和处理所有等高线两种。

重要提醒:沿直线注记时,直线应从低处往高处画。

八、图廓整饰

图廓整饰参见前文 CASS 参数配置中的【图廓属性】选项卡,涉及图名图号、单位名称、坐标系、高程系等内容,但可提前录入,并形成模板。

九、图幅整饰

大比例尺地形图分幅采用正方形或矩形分幅,图幅编号宜采用西南角坐标的千米数表示,其标准图幅为50cm × 50cm 或 50cm×40cm,一般工程项目可采用任意图幅,带状地形图可采用倾斜图幅。

图4-45 为【图幅整饰】对话框。

注意:图幅整饰前,一般要先加方格网(【绘图处理】→【加方格网】),以了解图幅尺寸。

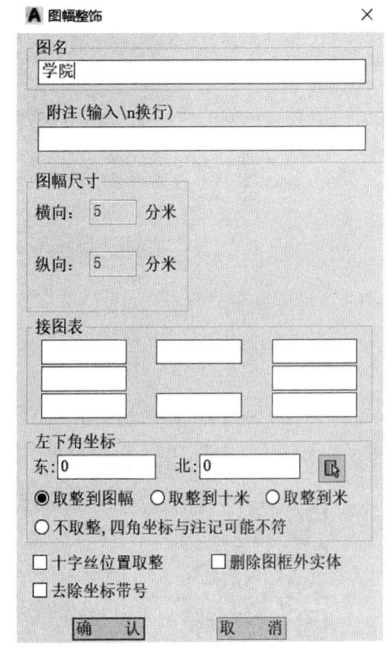

图4-45 【图幅整饰】对话框

十、成果输出

1. 文件传输

数字地形图绘制完成后，可用文件形式存盘保护及传输。

文件格式有 ∗.dwg、∗.dwt、∗.dws、∗.dxf 四种，其中 ∗.dwg 为图形文件格式，且为系统默认保存格式。

2. 纸质打印输出

单击 CASS 下拉菜单【文件】→【绘图输出】→【打印】，如图 4-46 所示，选定打印机，设置图纸尺寸、打印范围、打印偏移、打印比例、图形方向，预览打印效果，确认无误后，单击【确定】，即可纸质打印输出。

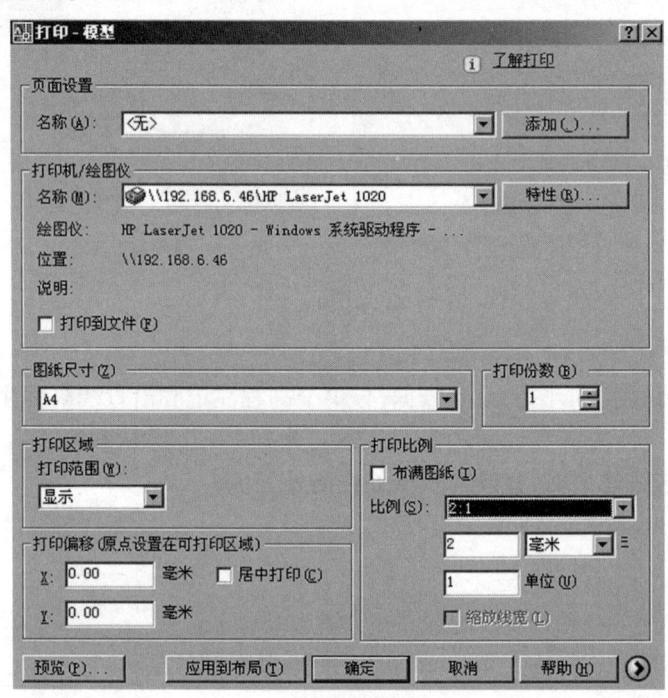

图 4-46 【打印-模型】对话框

3. 文件打印输出

为了传阅方便，或拟将 CAD 图插入其他文档，建议将 CAD 图转成 PDF，此需求可通过【虚拟打印机打印到文件】功能来实现。在选择打印机时，选定虚拟打印机【DGW To PDF pc】，其他设置同纸质打印输出，最后根据提示，输入 PDF 文件名和保存路径即可。

即问即答 4-3 答案

> ### 即问即答 4-3
> 目标：熟悉 CASS-SouthMap 成图。

1. 不是数字成图软件的是( )。

   A. GPS   B. CASS   C. SouthMap   D. EPSW

2. 【对象捕捉】按钮位于 CASS 软件主界面( )。

   A. 左侧   B. 右侧   C. 顶部   D. 底部

3. DTM 三角形最小角可通过 CASS 参数配置( )选项卡设置。

   A. 【地物绘制】   B. 【电子平板】   C. 【高级设置】   D. 【图廓属性】

4. CASS 内业成图时,不能直接展出野外测点的( )。

   A. 高程值   B. 平面坐标值   C. 点号   D. 代码

5. "两点边"式绘制依比例桥梁,"对面一点"是指( )。

   A. 对岸测点   B. 上游测点   C. 下游测点   D. 上游或下游测点

6. 陡坎符号的毛刺应朝向( )。

   A. 高处   B. 低处   C. 左侧   D. 右侧

7. 测区内仅有一株大樟树,宜表达为( )。

   A. 针叶独立树   B. 阔叶独立树   C. 果树独立树   D. 椰子槟榔独立树

8. 测站改正后,两点间的( )不会发生变化。

   A. 坐标增量 ΔX B. 坐标增量 ΔY C. 距离   D. 方位角

9. 沿直线高程注记时,直线应( )绘制。

   A. 从低处往高处 B. 从高处往低处 C. 从左到右   D. 从右到左

10. CAD 图形文件的后缀名为( )。

   A. *.dwg   B. *.dwt   C. *.dws   D. *.dxf

项目5
ITEM FIVE
建筑物定位与放线

学习目标	**知识目标** 1. 熟悉测设的三项基本工作。 2. 熟悉测设点位的常用方法。 3. 知道建筑物定位与放线的常用方法。
	能力目标 1. 会使用水准仪开展高程放样。 2. 能用全站仪放样流程测设平面点位。 3. 会计算测设数据。
	素质目标 1. 具备吃苦耐劳的品质。 2. 具备安全作业的意识。 3. 具备独立思考、积极探索的能力。
工作任务	1. 测设点的位置。 2. 建筑物定位与放线。

　　建筑物是指人们进行生产、生活或其他活动的房屋或场所,按用途不同可分为民用建筑、工业建筑、农业建筑等。本书以民用建筑为主,介绍建筑物的施工测量工作。

　　民用建筑的施工测量工作可分为施工准备阶段的测量工作和施工过程中的测量工作。施工准备阶段的测量工作包括施工控制网的建立、场地布置、工程定位和基础放线等。施工过程中的测量工作是指在施工中,随着工程的进展,在每道工序之前所进行的细部测设,如基桩或基础模板的测设、砌筑中墙体皮数杆设置、楼层轴线测设、楼层间高程传递、建筑物施工过程中的沉降观测等。每道工序完成后,应及时进行验收测量,无误后方可进行下一道工序作业。施工测量贯穿于整个施工过程,它对保证工程质量和施工进度起着重要的作用。具体的建筑施工控制网的建立,以及基础工程和主体工程施工中的测量工作将在项目 7 中介绍,本项目主要介绍建筑物平面位置定位与放线的一些基本方法。

在施工现场,由于干扰因素很多,因此测设方法和计算方法应力求简捷,同时要注意做好测量标志的保护工作,特别注意人身和仪器的安全。

任务1 测设点的位置

一、测设基本工作

测设就是根据已有的控制点或地物点,按工程设计要求,将建(构)筑物的特征点在实地上标定出来。因此,首先要确定特征点与控制点或原有建筑物之间的角度、距离和高程关系,这些关系称为测设数据,然后利用测量仪器,根据测设数据将特征点测设于地面,也称放样。测设的基本工作包括水平距离测设、水平角测设和高程测设。

1. 水平距离测设

水平距离测设是根据给定的起点和方向,按设计要求,标定出线段的终点位置。

如图 5-1 所示,测设给定的水平距离 AB,当精度要求不高时,可用钢尺从已知起点 A 开始,根据所给定的水平距离,沿已知方向定出水平距离的另一端点 B'。为了校核,将钢尺移动 10~20cm,同法再测设一点 B'',若两次点位之差在限差之内,则取两次端点平均位置 B 作为最后的位置。

图 5-1 水平距离测设

2. 水平角测设

水平角测设是根据一个已知方向及所给定的角值在地面上标定出该角的另一个方向。

（1）一测回法

如图 5-2 所示,OA 为已知方向,欲测设水平角 $\angle AOP = \beta$,定出该角的另一边 OP,可按下列步骤进行操作:

①安置经纬仪于点 O,盘左瞄准点 A,同时配水平度盘读数为略大于零;

②顺时针旋转照准部,使水平度盘读数增加 β,在

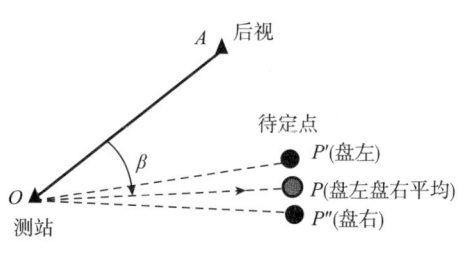

图 5-2 一测回法测设水平角

视线方向定出一点 P'；

③倒转望远镜，盘右瞄准后视点 A，读取度盘读数；

④顺时针旋转照准部，使水平度盘读数增加 β，在视线方向定出一点 P''（$OP' = OP''$）。

若 P' 和 P'' 重合，则所测设之角即为该角；若 P' 和 P'' 不重合，取 P' 和 P'' 的中点 P，则 $\angle AOP$ 就是所测设的 β 角，此方法亦称盘左、盘右取中法。

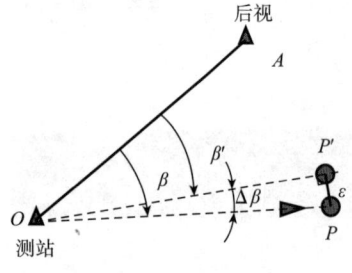

图5-3　垂线支距法测设水平角

（2）精确方法

当水平角测设精度要求较高时，可采用垂线支距法进行改正。如图 5-3 所示，在点 O 安置经纬仪，先用盘左、盘右取中法测设 β 角，在地面上确定点 P'。再用测回法多个测回测出 $\angle AOP'$ 得 β'。设 $\Delta\beta = \beta' - \beta$，根据 $\Delta\beta$ 和 OP' 的长度 D，计算垂线支距 ε：

$$\varepsilon = D\tan(\beta' - \beta) = D \cdot \frac{(\beta' - \beta)''}{206265''} \tag{5-1}$$

过点 P' 作 OP' 的垂线，从点 P' 沿垂线方向向外侧（$\Delta\beta < 0$ 时）或向内侧（$\Delta\beta > 0$ 时）量支距 ε，定出点 P，则 $\angle AOP$ 就是所测设的 β 角。为了检核，再用测回法测出 $\angle AOP$，其值与 β 角之差应小于限差。

3. 高程测设

高程测设是根据邻近水准点高程，在现场标定出某设计高程的位置。它与水准测量的不同之处在于：不是测定两固定点之间的高差，而是根据一个已知高程的水准点，测设设计所给定点的高程。

如图 5-4 所示，已知点 R 高程 $H_R = 24.376\text{m}$，欲将点 P 高程 $H_P = 26.000\text{m}$ 测设在木桩上，其测设步骤如下。

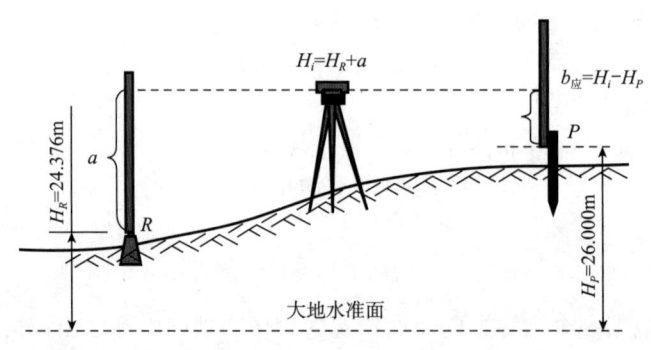

图5-4　高程测设

①安置水准仪于水准点 R 和木桩之间，读取水准点 R 上的水准尺读数 $a = 1.903\text{m}$，计算水准仪的视线高程 $H_i = H_R + a = (24.376 + 1.903)\text{m} = 26.279\text{m}$，则要确定木桩点 P 高程其水准尺上的读数应为

$$b_{\text{应}} = H_i - H_P \tag{5-2}$$

因此，$b_{\text{应}} = (26.279 - 26.000)\text{m} = 0.279\text{m}$。

②将水准尺靠在木桩的一侧上下移动,当水准仪水平视线读数恰好为 $b_{应}$ 时,在木桩侧面沿水准尺底画一横线,此线就是点 P 所测设的高程;或者也可以指挥打桩,让桩顶顶面刚好在尺底位置。此时,桩顶高程即为所测设的高程。

即问即答 5-1

目标:会计算高程测设数据。

即问即答 5-1　答案

如图 5-5 所示,已知地面水准点 A 的高程为 $H_A = 50.012\text{m}$,若在基坑内点 B 高程 $H_B = 30.025\text{m}$,测设时 $a = 1.415\text{m}$,$b = 21.360\text{m}$,$a_1 = 1.215\text{ m}$,问当 b_1 为多少时,其尺底即为设计高程 H_B?

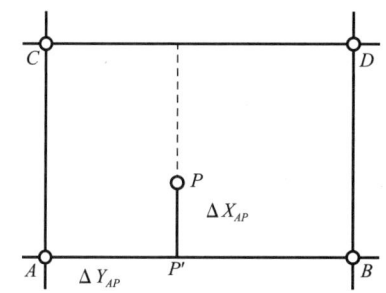

图 5-5　测设深基坑内的设计高程示意图

二、点的平面位置测设方法

建筑物的定位与放线工作,就是要将建筑物的平面位置在实地上标定出来,其实质是将建筑物的一些轴线交叉点、拐角点测设在地面上。点的平面位置测设方法有直角坐标法、极坐标法、角度交会法和距离交会法等,要根据控制网的形式和分布、测设的精度要求、施工现场的条件来选用。

微课视频 5-1
测设点的平面位置

1. 直角坐标法

当建筑场地的施工控制网为方格网或轴线网形式时,采用直角坐标法放线最为方便。如图 5-6 所示,A、B、C、D 为方格网点,现在要在地面上测出一点 P。设点 A 的坐标为 (X_A, Y_A),点 P 的坐标为 (X_P, Y_P)。测设时,在点 A 安置经纬仪,瞄准点 B,在点 A 沿 AB 方向测设水平距离 $\Delta Y_{AP} = Y_P - Y_A$,得点 P';将经纬仪搬至点 P',仍瞄准点 B,逆时针方向测设出 $90°$,沿视线方向测设水平距离 $\Delta X_{AP} = X_P - X_A$,即得点 P。

用直角坐标法测定一已知点的位置时,只需要按其坐标差量取距离和测设直角,用加减法计算即可,工作方便,并便于检查,测量精度亦较高。

图 5-6　直角坐标法测设点位

微课视频 5-2
全站仪坐标放样

微课视频 5-3
后方交会放样

2. 极坐标法

极坐标法是用一个水平角和一条边长测设点位的方法,适用于测设点靠近控制点,便于量距的地方。如图 5-7 所示,A、B 为已知控制点,P 为待测点。首先根据 A、B 的已知坐标和点 P 的设计坐标计算测设数据水平角 β 和水平距离 D_{AP}。计算公式如下:

$$\alpha_{AB} = \arctan \frac{Y_B - Y_A}{X_B - X_A} \tag{5-3}$$

$$\alpha_{AP} = \arctan \frac{Y_P - Y_A}{X_P - X_A} \tag{5-4}$$

$$\beta = \alpha_{AB} - \alpha_{AP} \tag{5-5}$$

$$D_{AP} = \sqrt{(X_P - X_A)^2 + (Y_P - Y_A)^2} \tag{5-6}$$

测设时,在点 A 安置经纬仪,瞄准点 B,逆时针方向测设 β 角,得一方向线,再在该方向线上测设水平距离 D_{AP},即得点 P。

3. 角度交会法

当需测设的点远离控制点或不便量距时,可采用角度交会法。如图 5-8 所示,用角度交会法测定点 P 时,先要根据点 P 的设计坐标与控制点 A、B 的已知坐标计算测设数据 β_1、β_2,计算方法同极坐标法。测设时,在点 A 安置经纬仪,瞄准点 B,逆时针方向测设 β_1 角,得一方向线,在大概估计点 P 位置之后,沿 AP 方向,离点 P 一定距离的地方,在不影响施工的情况下,打入 a、b 两个桩,桩顶作标志,使其位于 AP 方向线上。同理,将经纬仪搬至点 B,可得 c、d 两点。在 ab 和 cd 之间各拉一根细线,两线相交即为点 P。

4. 距离交会法

从控制点至测设点的距离,若不超过测距尺长度,则可用距离交会法来测定。如图 5-9 所示,A、B 为控制点,P 为待测点。为了在实地测定点 P,应先参考式(5-6)计算出 D_{AP}、D_{BP} 的长度。测设时分别以 A、B 为中心,D_{AP}、D_{BP} 为半径,在场地上作弧线,两弧的交点即为点 P。用距离交会法来测定点位,不需使用仪器,但精度较低。

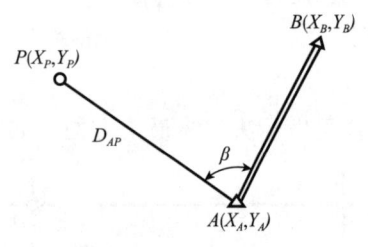
图 5-7　极坐标法测设点位

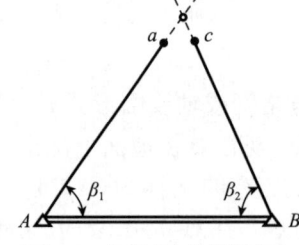
图 5-8　角度交会法测设点位

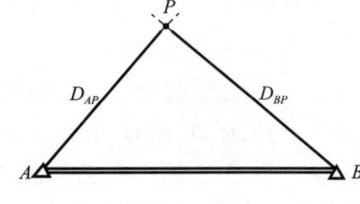
图 5-9　距离交会法测设点位

同步训练 5-1

同步训练 5-1

目标:理解点的测设方法。

任务2 建筑物定位与放线

民用建筑一般可分为单层、多层和高层建筑,由于其结构特征不同,因此放样方法和精度要求也有所不同,但放样过程基本相同。

1. 施工放样应具备的资料

进行建筑物的施工放样时,应具备下列资料:

①总平面图;

②建筑物的设计与说明;

③建筑物、构筑物的轴线平面图;

④建筑物的基础平面图;

⑤土方的开挖图;

⑥建筑物的结构图;

⑦管网图;

⑧场区控制点坐标、高程及点位分布图。

2. 建筑物的定位

建筑物的定位就是在实地标定建筑物的外廓主轴线,它是建筑物细部位置放样的依据。在建筑物定位前,应做好准备工作:熟悉设计图纸、进行现场踏勘、检测测量控制点、清理施工现场、拟订放样方案及绘制放样简图。

根据施工现场情况及设计条件,建筑物的定位可采用以下几种方法。

(1)根据测量控制点测设

当建筑物附近有导线点、三角点及三边测量点等测量控制点时,可根据控制点和建筑物各角点的坐标用极坐标法或角度交会法测设建筑物的位置。

(2)根据建筑基线测设

在施工现场布设有专供建筑物放样用的十字轴线等建筑基线时,可根据建筑基线上控制点和建筑物各角点的坐标用直角坐标法测设建筑物的位置。

(3)根据建筑方格网测设

在施工现场布设有建筑方格网时,可根据附近方格网点和建筑物各角点的设计坐标用直角坐标法测设建筑物的位置。

(4)根据建筑红线测设

在城市建设中,新建建筑物均由规划部门给设计或施工单位规定建筑物的边界位置。限制建筑物边界位置的线称为建筑红线。建筑红线一般与道路中心线相平行。各种房屋建筑,必须建造在建筑红线的范围之内,设计单位与建设单位往往从合理利用规划土地的角度出发,将房屋设计在与建筑红线相隔一定距离的地方,放样时,可根据实地已有的建筑用地边界点来测设。

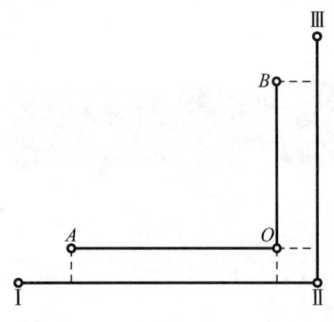

图 5-10　根据建筑红线测设建筑物

如图 5-10 所示，Ⅰ、Ⅱ、Ⅲ 三点为地面上测设的场地边界点，其连线 Ⅰ Ⅱ、Ⅱ Ⅲ 为建筑红线。建筑物的主轴线 AO、BO 就是根据建筑红线来测定的，由于建筑物主轴线和建筑红线平行或垂直，因此用直角坐标法来测设主轴线就比较方便。

当 A、O、B 三点在地面上标定出来后，应在点 O 架设经纬仪，检查 ∠AOB 是否等于 90°。AO、BO 的长度也要进行实量检核，如误差在容许范围内，即可作合理的调整。

当建筑红线与建筑物主轴线不平行或垂直时，可用极坐标法、角度交会法或距离交会法来测设。

（5）根据已有建筑物或已有道路测设

在现有建筑群内新建或扩建时，设计图上通常给出拟建的建筑物与原有建筑物或道路中心线的位置关系，建筑物的定位就可根据给定的数据在现场测设。图 5-11 所示为几种常见的情况，图中绘有斜线的为原有建筑物，没有斜线的为拟建建筑物。

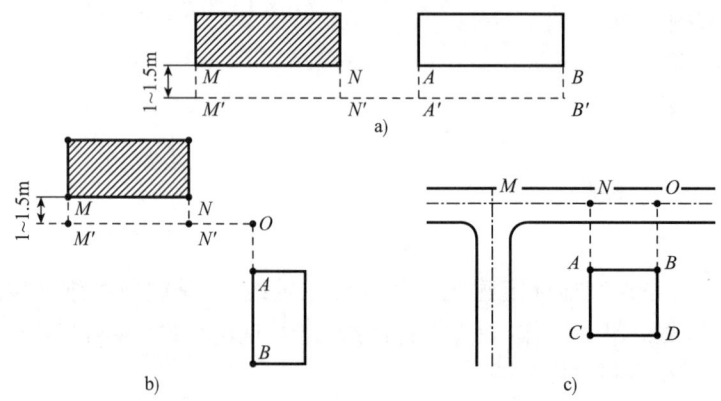

图 5-11　根据已有建筑物或道路测设设计建筑物

图 5-11a）中拟建的建筑物轴线 AB 在原有建筑物轴线 MN 的延长线上。测设直线 AB 的方法如下：先作 MN 的垂线 MM′ 及 NN′，并使 MM′ = NN′，然后在 M′ 处架设经纬仪，作 M′N′ 的延长线 A′B′，再在 A′、B′ 处架设经纬仪，作垂线得 A、B 两点，其连线 AB 即为所要确定的直线。一般也可以用线绳紧贴 MN 进行穿线，在线绳的延长线上定出直线 AB。

图 5-11b）所示是按上法，定出点 O 后转 90°，根据坐标数据定出直线 AB。

图 5-11c）中，拟建的建筑物平行于原有的道路中心线，测法是先定出道路中心线位置，然后用经纬仪作垂线，定出拟建建筑物的轴线。

3. 建筑物的放线

（1）建筑物基础放线

建筑物定位的角点桩（即外墙轴线交点，简称角桩）测定以后，根据建筑物平面图，可将内部开间所有轴线都一一测出。然后检查房屋轴线的距离，其误差不得超过轴线长度的1/2000。最后根据中心轴线，用石灰在地面上撒出基槽开挖边线，以便开挖。

若同一建筑区各建筑物的纵横边线在同一直线上，则在相邻建筑物定位时，必须进行校核调整,使纵向或横向边线的相对偏差在5cm以内。

(2)龙门板的设置

施工开槽时,轴线桩要被挖除。为了方便施工,在一般民用建筑中,常在基槽外一定距离处钉设龙门板,如图5-12所示。

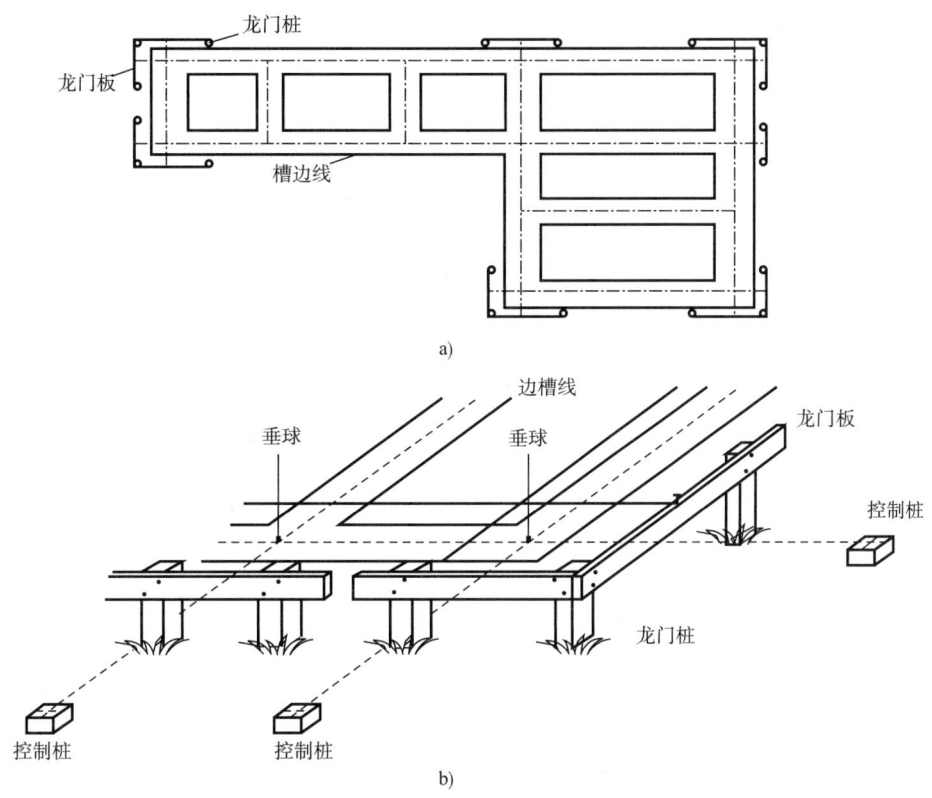

图5-12 施工控制桩和龙门板

钉设龙门板的步骤和要求如下。

①在建筑物四角与内纵、横墙两端基槽开挖边线以外1~1.5m(根据土质情况和挖槽深度确定)处钉设龙门桩,龙门桩要钉得竖直、牢固,木桩侧面与基槽平行。

②根据建筑场地水准点,在每个龙门桩上测设"±0高程线"(即高程起算面,设计中常以建筑物底层室内地坪高程为高程起算面)。若现场条件不许可,也可测设比"±0高程线"高或低一定数值的线。但同一建筑物最好只选用一个高程。如因地形起伏而选用两个高程,则必须标注清楚,以免使用时发生错误。

③沿龙门桩上测设的高程线钉设龙门板,这样龙门板顶面的高程就在一个水平面上了。龙门板高程的测定允许偏差为±5mm。

④根据轴线桩,用经纬仪将墙、柱的轴线投到龙门板顶面上,并钉小钉标明,称为轴线钉。投点允许偏差为±5mm。

⑤用钢尺沿龙门板顶面检查轴线钉的间距,其相对误差不应超过1/2000。经检核合格后,以轴线钉为准,将墙宽、基槽宽标在龙门板上,最后根据基槽上口宽度拉线撒出基槽开挖灰线。

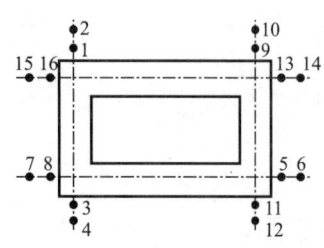

图 5-13　引桩的测设

即问即答 5-2　答案

（3）引桩（轴线控制桩）的测设

由于龙门板需用较多木料，而且占用场地，使用机械挖槽时龙门板更不易保存，因此可以在基槽外各轴线的延长线上测设引桩，作为开槽后各阶段施工中确定轴线位置的依据，如图 5-13 所示。即使采用龙门板，为了防止被碰动，也应测设引桩。在多层楼房施工中，引桩是向上层投测轴线的依据。

引桩一般钉在基槽开挖边线 2 ~ 4m 的地方，在多层建筑施工中，为便于向上投点，应在较远的地方测定，如附近有固定建筑物，最好把轴线投测在建筑物上。引桩是房屋轴线的控制桩，在一般小型建筑物放线中，引桩多根据轴线桩测设。在大型建筑物放线时，为了保证引桩的精度，一般先测设引桩，再根据引桩测设轴线桩。

即问即答 5-2

目标：理解建筑物定位与放线方法。

1. 极坐标法是以测站为中心，以某一已知方向为起始方向，照准各碎部点，测定测站点到各碎部点的（　　　），以确定各地形点在图上的平面位置。

　　A. 角度　　　　　　　　B. 距离　　　　　　　　C. 高差　　　　　　　　D. 角度和距离

2. 在测设建筑物轴线时，靠近城市道路的建筑物设计位置的依据应为（　　　）。

　　A. 城市规划道路红线　　　　　　　　B. 建筑基线

　　C. 建筑方格网　　　　　　　　D. 周边的已有建筑物

3. 建筑工程施工准备工作包括熟悉图纸、现场踏勘、确定测设方案和（　　　）等。

　　A. 测量技术培训　　　　　　　　B. 安排测量人员

　　C. 准备测设数据　　　　　　　　D. 准备测量器具

4. 在建筑场地附近，如果有测量控制点可以利用，应根据控制点坐标及建筑物定位点的设计坐标，反算出标定角度与距离，然后采用（　　　）将建筑物测设到地面上。

　　A. 支距法　　　　　B. 直角坐标法　　　　　C. 极坐标法　　　　　D. 解析法

5. 工程施工前，应熟悉设计图纸，了解施工的建筑物与相邻地物的相互关系，以及建筑物的尺寸和（　　　）的要求等。

　　A. 安全　　　　　　　　B. 施工　　　　　　　　C. 质量　　　　　　　　D. 功能

6. 建筑物的定位是指（　　　）。

　　A. 进行细部定位

　　B. 将地面上点的平面位置确定在图纸上

　　C. 将建筑物外廓的轴线交点测设在地面上

　　D. 在设计图上找到建筑物的位置

项目6
ITEM SIX
线路测量

学习目标	**知识目标** 1. 知道线路测量的基本工作。 2. 知道曲线测设方法。 3. 熟悉纵、横断面测量方法。
	能力目标 1. 能用测量工具开展中线测量工作。 2. 会施测道路纵断面。 3. 会施测道路横断面。
	素质目标 1. 具备实事求是的工作态度。 2. 具备安全作业的意识。 3. 具备团队协作能力。
工作任务	1. 中线测量。 2. 纵、横断面测量。

　　铁路、公路、桥涵、隧道、城市道路、管道、架空索道、输电线路等均属于线形工程,它们的中线称为线路。各种线形工程在勘测设计阶段、施工阶段及运营管理阶段所进行的测量工作称为线路测量。

　　勘测设计阶段测量工作的目的是为工程的各个阶段设计提供详细资料。施工阶段测量工作的目的是使线路中线及其构筑物在实地按设计文件要求的位置、形状及规格正确地进行放样。管理阶段测量工作的目的是为道路及其构筑物的维修、养护、改建和扩建提供资料。

勘测设计阶段是测量工作较集中的阶段。勘测设计通常是分阶段进行的，一般先进行初步设计，再进行施工图设计。无论是初步设计，还是施工图设计，都需要在地形图上开展设计。勘测设计阶段的测量工作可分为初测和定测。

初测是根据初步提出的各个线路方案，对地形、地质及水文等进行较为详细的测量，以便作进一步的研究与比较，确定最佳的线路方案，作为定测的依据。初测也叫踏勘测量。初测的主要工作有导线测量、水准测量和带状地形图测绘等，为初步设计提供依据。

定测是将初步设计中批准了的线路设计中线移设于实地上的测量工作。必要时可对设计方案作局部修改。定测也叫详细测量。定测的工作内容：在选定设计方案的路线上进行路线中线测量、纵断面测量、横断面测量，并进行详细的地质和水文勘测。定测资料是编制施工图和工程施工的依据。

施工阶段的测量工作是在设计完成后，在施工前及施工过程中，恢复中线、测设边坡、测设竖曲线，作为施工的依据。对大型的桥涵、隧道工程，施工前应布设施工控制网，以便能准确地进行施工放样。另外在施工前，要对线路上的控制点进行复核测量，并做好控制桩的保护工作，从而保证施工过程中各桩点不致丢失或能及时恢复。

当工程施工结束后，还应进行竣工测量，以检查施工质量，并为以后使用、养护工作提供必要的资料。

本项目主要介绍道路工程中线测量和纵、横断面测量。

任务 1　中线测量

中线测量是通过直线和曲线的测设，将线路中心线的平面位置用桩具体标定在实地的工作。中线测量是线路测量中的关键性工作，是测绘纵、横断面图和平面图的基础，以及施工放样的依据。

中线测量的主要工作有测设路线的交点和测定转向角，测设直线段的转点桩和中线桩，曲线测设等。

一、交点和转点的测设

线路上两相邻直线方向的相交点称为交点，也叫转向点，如图 6-1 所示，用 JD 来表示。在实地测设出路线的交点后，就可定出两交点间直线线路中心线的位置，所以交点是线路测量中的基本控制点。

线路通过曲线由一方向转到另一方向，转变后的方向与原方向间的夹角，称为转向角，如图 6-1 中的 α 角。

进行道路初步设计时，在地形图上定出了线路中线的位置及交点的位置，由于现场情况及定位条件的不同，交点的测设可采用以下几种方法。

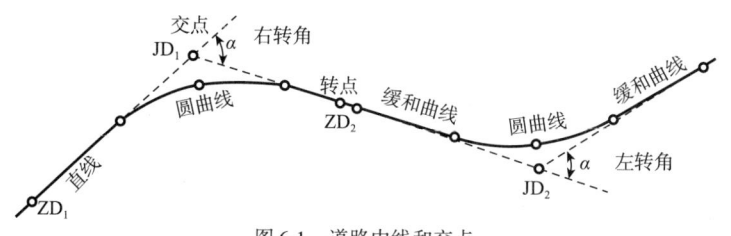

微课视频 6-1
中线测量

图 6-1　道路中线和交点

1. 根据导线点测设

根据线路初测阶段布设的导线点的坐标以及道路交点的设计坐标,事先计算出有关放样数据,按极坐标法、距离交会法、角度交会法等测设点位的方法,测设出交点的实地位置。极坐标法、距离交会法、角度交会法的论述见项目 5。

2. 根据原有地物测设

事先在地形图上根据交点与地物之间的位置关系,量取交点至地物点的水平距离,然后在现场,按距离交会法测设出交点的实地位置。

3. 穿线交点法

穿线交点法是根据图上定线的线路位置在实地测设交点的方法。它利用图上的导线点或地物点与纸上定线的直线段之间的角度和距离关系,用图解法求出测设数据,然后依实地导线点或地物点,把道路中线的直线段测设到地面上,并将相邻直线延长相交,定出交点的实地位置。穿线交点法的施测步骤为准备放线资料→放点→穿线→交点。

①准备放线资料:当设计中线的直线附近有导线点时,可用支距法放点,如图 6-2 所示。Ⅰ、Ⅱ、Ⅲ为导线点,P_1、P_2、P_3 为纸上定线的线路直线段的临时定线点,以导线点为垂足,在图上量取各导线点至线路设计中心线的距离 d_1、d_2、d_3。

放点也可以用极坐标法进行,如图 6-3 所示,设 P_1、P_2、P_3、P_4 为图上设计中线的定线点,Ⅰ、Ⅱ、Ⅲ为设计中线附近的导线点或地物点,在图上用量角器及比例尺分别量取 β_1、β_2、β_3、β_4、d_1、d_2、d_3、d_4,则可得各放样数据。

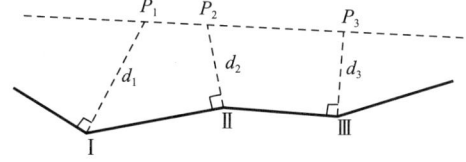

图 6-2　支距法放点

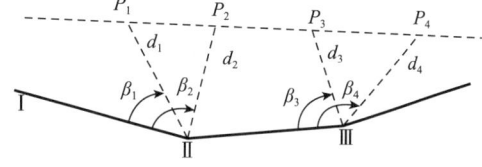

图 6-3　极坐标法放点

②放点:在现场根据相应导线点或地物点及量得的数据,放样 P_1、P_2、P_3、P_4 等点。操作时可用经纬仪放样角度,用钢尺丈量距离。

③穿线:在现场所放出的这些点通常不在同一直线上,这时可用经纬仪穿线求得该线的最佳放样位置。如图 6-4 所示,P_1、P_2、P_3、P_4 等临时点由于图解数据和测设工作的误差,不在同一直线上,这时用经纬仪视准法穿线,通过比较和选择,定出一条尽可能多地穿过或靠近临时点的直线 AB,最后在 A、B 或其方向上打下两个以上的转点桩,随即取消各临时点,这样便定出了直线段的位置。

④交点:如图 6-5 所示,当相邻两直线 AB、CD 在实地定出后,可将直线 AB、CD 延长相交,则可定出转向点 JD。

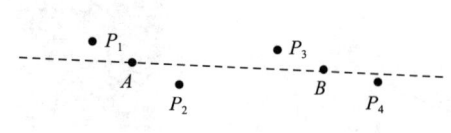

图 6-4　经纬仪视准法穿线

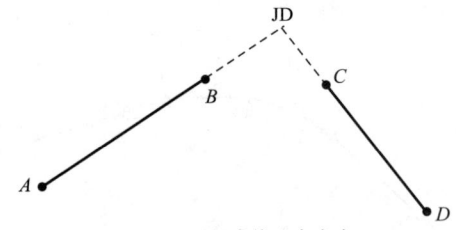

图 6-5　延长直线法定交点

　　当相邻两交点互不通视或直线较长时,需要在其连线方向上测定一个或几个转点,以便在交点上测量转向角及在直线上量距时作为照准和定线的目标。通常,交点至转点或转点至转点间的距离,不应小于 50m 或大于 500m,一般在 200～300m 之间。另外,在路线与其他路线交叉处以及路线上需设置桥涵等构筑物处也应设置转点。若相邻两交点互不通视,则可采用下述方法测设转点。

　　如图 6-6 所示,JD_5、JD_6 为相邻而互不通视的两个交点,现欲在 JD_5 和 JD_6 之间测设一转点 ZD。

　　首先在 JD_5、JD_6 之间选一点 ZD′,在 ZD′架设经纬仪,用正倒镜分中法延长直线 JD_5ZD′至 JD'_6,量取 JD_6 至 JD'_6 的距离 f,再用视距测量方法测出 ZD′至 JD_5、JD_6 的距离 a、b,则 ZD′应横向移动的距离 e 按下式计算:

$$e = \frac{a}{a+b}f \tag{6-1}$$

　　ZD′按 e 值沿 JD_5ZD′的垂线方向移至 ZD,再将仪器移至 ZD,重复以上方法逐渐趋近,就可得到符合要求的转点。

二、路线转向角的测定

　　路线的交点和转点定出之后,则可测出线路的转向角,如图 6-7 所示。要测定转向角 α,通常先测出线路的转折角 β,转折角一般是测定线路前进方向的右角。

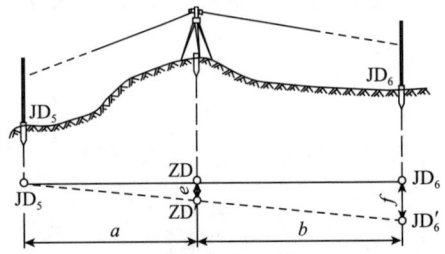

图 6-6　相邻两交点互不通视时测设转点方法

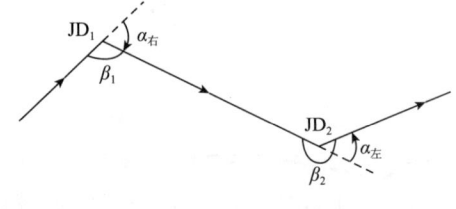

图 6-7　路线转向角

　　转向角也叫偏角,当线路向右转时,叫右偏角,这时 $\beta < 180°$;当线路向左转时,称为左偏角,这时 $\beta > 180°$。转向角可按下式计算:

$$\alpha_右 = 180° - \beta \tag{6-2}$$

$$\alpha_左 = \beta - 180° \tag{6-3}$$

三、里程桩的设置

　　里程桩又称中线桩,表示该桩至路线起点的水平距离。在线路中线上测设中线桩的工作称为中线桩测设。中线桩标定了中线位置、线路形状和里程。中线桩包括线路起终点桩、千米桩、百米桩、平曲线控制桩、桥梁或隧道轴线控制桩、转点桩和断链桩,并应根据竖曲线的变化适当加桩。中线桩的间距,直线部分不大于50m,平曲线部分为20m;当公路曲线半径为30～60m或缓和曲线长度为30～50m时,不大于10m;当公路曲线半径小于30m、缓和曲线长度小于30m或为回头曲线段时,不大于5m。

测设中线桩时,自线路起点通过丈量设置。每个桩的桩号表示该桩至路线起点的里程,如某桩号 K7 + 814.19 表示该桩距路线起点的里程为7814.19m。

我国道路是用汉语拼音缩写名称来表示桩点的,如表6-1所示。

公路测量符号 表6-1

名称	中文简称	汉语拼音或国际通用符号
交点	交点	JD
转点	转点	ZD
导线点	导点	DD
水准点	—	BM
圆曲线起点	直圆	ZY
圆曲线中点	曲中	QZ
圆曲线终点	圆直	YZ
复曲线公切点	公切	GQ
第一缓和曲线起点	直缓	ZH
第一缓和曲线终点	缓圆	HY
第二缓和曲线终点	圆缓	YH
第二缓和曲线起点	缓直	HZ
公里标	—	K

四、曲线的测设

道路的线形除了有直线外,还有曲线。曲线中线桩的测设相对于直线中线桩的测设来说,要复杂得多。

道路曲线可分为平面曲线和竖曲线。竖曲线是在道路纵坡的变换处竖向设置的曲线。平面曲线是线路转向时所设置的曲线,简称平曲线,它包括圆曲线、缓和曲线和由这两种曲线组成的其他形状的曲线。下面主要介绍圆曲线的测设。

圆曲线的测设通常分两步进行,第一步先测设曲线的主点,第二步进行曲线的详细测设。

1. 圆曲线主点测设

圆曲线的主点包括起点 ZY、中点 QZ 和终点 YZ,如图 6-8 所示。

圆曲线主点测设步骤为圆曲线主点测设元素

微课视频6-2 曲线测设

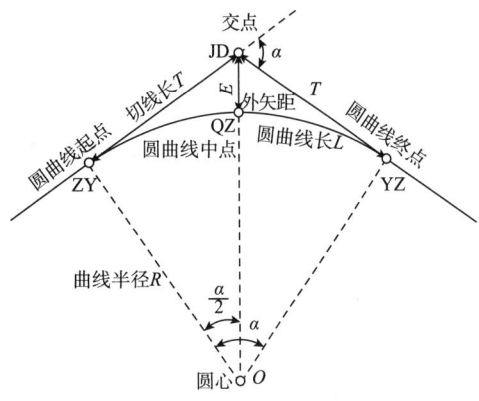

图6-8 圆曲线主点

的计算→主点桩号计算→主点测设。

①圆曲线主点测设元素的计算：主点测设元素有切线长 T、曲线长 L、外矢距 E 及切曲差 D。这些测设元素均可根据线路的转向角 α 及圆曲线半径 R 计算而得，其计算公式如下。

切线长：

$$T = R\tan\frac{\alpha}{2} \tag{6-4}$$

曲线长：

$$L = R\alpha\frac{\pi}{180°} \tag{6-5}$$

外矢距：

$$E = R\left(\sec\frac{\alpha}{2} - 1\right) \tag{6-6}$$

切曲差：

$$D = 2T - L \tag{6-7}$$

②主点桩号计算：圆曲线上各主点的桩号通常根据交点的桩号来推算，其计算公式为

$$ZY\ 桩号 = JD\ 桩号 - T \tag{6-8}$$
$$QZ\ 桩号 = ZY\ 桩号 + L/2 \tag{6-9}$$
$$YZ\ 桩号 = QZ\ 桩号 + L/2 \tag{6-10}$$
$$JD\ 里程 = QZ\ 里程 + D/2（用于校核） \tag{6-11}$$

③主点测设：如图 6-8 所示，在交点 JD 处用经纬仪后视相邻交点方向，自 JD 沿该方向量取切线长 T，在地面标定出圆曲线起点 ZY；在交点 JD 处用经纬仪前视相邻交点方向，自 JD 沿该方向量取切线长 T，在地面标定出圆曲线终点 YZ；在交点 JD 处用经纬仪后视点 ZY 的方向（或前视点 YZ 的方向），测设水平角 $\left(\dfrac{180° - \alpha}{2}\right)$，定出路线转折角的分角线方向（即曲线中点方向），然后沿该方向量取外矢距 E，在地面标定出圆曲线中点 QZ。

2. 圆曲线细部点测设

在地形变化小，而且圆曲线长 L 较短（通常小于 40m）时，仅测设圆曲线的三个主点就能满足施工图设计及施工的要求，因此无须再测设曲线加桩。

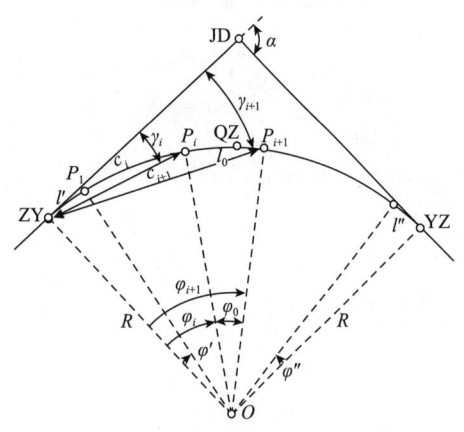

图 6-9　偏角法测设圆曲线

如果地形变化大，或者曲线较长，那么仅测设主点不能全面代表曲线的位置，为满足施工的要求，应在曲线上每隔一定距离测设一个细部点，并钉一木桩作为标志，这项工作称为圆曲线细部点测设。

圆曲线细部点测设的方法，应结合现场地形情况、道路精度要求以及使用仪器情况合理选用，常用的方法有偏角法、切线支距法等。

（1）偏角法

偏角法是以圆曲线起点 ZY 或终点 YZ 至圆曲线上任意一点的弦线与切线之间的弦切角 γ_i 和弦长 c_i 来确定点 P_i 的位置，如图 6-9 所示。

圆曲线偏角与圆曲线起点至细部点的弧长成正比,当圆曲线上两细部点之间的弧长为定值时,则圆曲线偏角的增量也为定值。通常,偏角法按整桩号设桩,如图 6-9 所示,为使圆曲线上第一个细部点 P_1 为整桩,圆曲线起点至 P_1 的弧长一般为整数 l',偏角为 γ_1;在以后的细部点测设时,各桩之间的弧长是相等的,设两桩之间的弧长为整数 l_0,偏角增量为 $\Delta\gamma_0$;最后一段弧长为 l'',其偏角增量为 $\Delta\gamma_n$,则各桩的偏角可按以下公式计算:

$$\gamma_1 = \frac{l'}{2R}\rho \tag{6-12}$$

$$\Delta\gamma_0 = \frac{l_0}{2R}\rho \tag{6-13}$$

$$\gamma_2 = \gamma_1 + \Delta\gamma_0$$

$$\gamma_3 = \gamma_1 + 2\Delta\gamma_0$$

$$\cdots$$

$$\gamma_i = \gamma_1 + (i-1)\Delta\gamma_0 \tag{6-14}$$

$$\cdots$$

$$\Delta\gamma_n = \frac{l''}{2R}\rho \tag{6-15}$$

$$\gamma_n = \gamma_{n-1} + \Delta\gamma_n \tag{6-16}$$

各点之间的弦长为

$$c_1 = 2R\sin\gamma_1 \tag{6-17}$$

$$c_0 = 2R\sin\Delta\gamma_0 \tag{6-18}$$

$$c_n = 2R\sin\Delta\gamma_n \tag{6-19}$$

圆曲线细部点间的弧长 l_0 通常根据圆曲线半径的大小可取 5m、10m、20m、50m 等几种。

偏角法测设圆曲线细部点的操作步骤:将经纬仪安置在圆曲线起点 ZY 上,瞄准 JD 的切线方向,把水平度盘设置起始读数 $360° - \gamma_1$,转动照准部,使水平度盘读数为 $0°00'00''$,此时望远镜的方向就是 P_1 的方向,沿此方向自点 ZY 开始量出首段弦长 c_1 就得到整桩 P_1,在此打下预先准备好的木桩,至此完成了点 P_1 的测设;对照所计算的偏角表,转动照准部,使水平度盘读数为 $\Delta\gamma_0$,此时望远镜所指的方向即为第二桩 P_2 的方向,自点 P_1 量出整弧段的弦长 c_0 与望远镜所指方向交会出点 P_2,打下木桩;转动照准部,使水平度盘读数为 $2\Delta\gamma_0$,得第三桩 P_3 方向,从点 P_2 量出整弧段的弦长 c_0 与望远镜所指方向交会出点 P_3,打下木桩;以此类推,定出其他各整桩点;最后应测设至圆曲线终点 YZ,以作为检核。

(2)切线支距法

切线支距法是以 ZY 或 YZ 为坐标原点,切线为 x 轴,过原点的半径为 y 轴,建立坐标系,按圆曲线上各桩点的坐标值,在实地测设圆曲线的方法,也叫直角坐标法,如图 6-10 所示。切线支距法的计算公式为

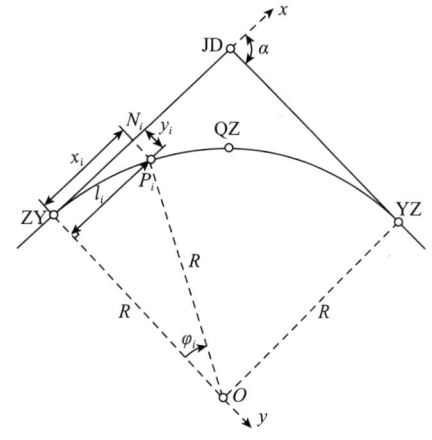

图 6-10 切线支距法测设圆曲线

$$\begin{cases} x_i = R\sin\varphi_i \\ y_i = R(1 - \cos\varphi_i) \end{cases} \tag{6-20}$$

式中：φ_i——从圆曲线起点 ZY 到整桩 P_i 形成的转向角，$\varphi_i = \dfrac{l_i 180°}{R\pi}$，其中 l_i 为各点至原点的弧长（里程）。

同步训练 6-1

同步训练 6-1
目标：理解中线测量方法。

任务2　纵、横断面测量

线路中线测量完成后，要进行纵、横断面测量，从而绘制出纵、横断面图，为进一步进行施工图设计提供资料。

微课视频 6-3
纵断面测量

一、纵断面测量

测量中线上各桩地面高程的工作叫纵断面测量。路线纵断面测量又称路线水准测量，为了保证测量精度，路线水准测量通常分两步进行，即先进行基平测量，后进行中平测量。

1. 基平测量

基平测量是沿线路设立水准点，并测定其高程的工作。水准点应靠近线路，并应在施工干扰范围外布设。

在路线的起、终点，大桥两岸，隧道两端等，以及一些需要长期观测高程的重点工程附近均应设置永久性水准点，在一般地区应每隔一定的长度设置一个永久性水准点。

临时水准点的布设密度根据地形复杂情况和工程需要而定。在山区，每隔 0.5～1km 布设一个；在平原，每隔 1～2km 布设一个。此外，在中桥、小桥、涵洞及停车场等工程集中的地段，均应布设；在较短的路线上，一般每隔 300～500m 布设一个。

高速公路、一级公路高程控制测量可按四等水准测量，铁路、二级及二级以下公路采用五等水准测量。

2. 中平测量

中平测量是根据基平测量的水准点高程测定沿线上各中线桩地面高程的工作。根据中平测量的成果可绘制成纵断面图，供设计线路纵坡之用。

中平测量以相邻两水准点为一测段，从一个水准点引测，逐个测出中线桩的地面高程，然后附合至另一水准点上。

各测段的高差允许闭合差为

$$f_{h容} = \pm 50\sqrt{L}(\text{mm}) \tag{6-21}$$

式中：L——附合水准路线长度，km。

中平测量可用普通水准测量方法进行施测。观测时，在每一站上先观测水准点或转点，再观测相邻两转点之间的中线桩，这些中线桩点称为中间点，立尺时应将尺子立在紧靠中线桩的地面上。

下面以一实例来说明中平测量的实施方法。图 6-11 为某段二级公路的中线，选择一适当位置安置水准仪。先后视水准点 BM_1，然后前视转点 TP_1，再观测 $0+000$、$0+050$、$0+100$、$0+108$、$0+120$ 等中间点。第一站观测后，将水准仪搬至第二站，先后视转点 TP_1，然后前视转点 TP_2，再观测 $0+140$、$0+160$、$0+180$ 等中间点，完成第二站的观测。用同样方法向前测量，直到附合到水准点 BM_2，则完成了这一测段的观测工作。

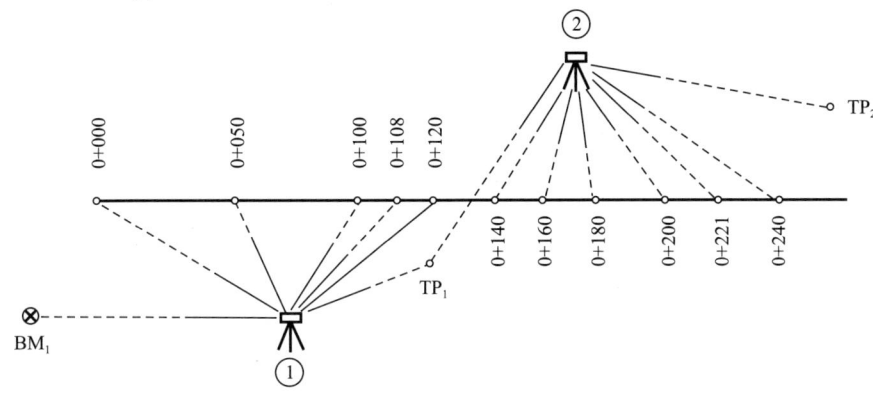

图 6-11 中平测量

在观测读数的同时，将观测数据记录于纵断面测量记录表中，如表 6-2 所示。

纵断面测量记录表 表 6-2

测站	点号	水准尺读数/m			前后视高差/m	仪器视线高程/m	点的高程/m	备注
		后视	中视	前视				
1	BM_1	2.191					12.315	ZY
	$0+000$		1.62				12.89	
	$0+050$		1.90				12.61	
	$0+100$		0.62			14.506	13.89	
	$0+108$		1.03				13.48	
	$0+120$		0.91				13.60	
	TP_1			1.007	1.184		13.499	
2	TP_1	2.162					13.499	QZ
	$0+140$		0.50				15.16	
	$0+160$		0.52				15.14	
	$0+180$		0.82			15.661	14.84	
	$0+200$		1.20				14.46	
	$0+221$		1.01				14.65	
	$0+240$		1.06				14.60	
	TP_2			1.521	0.641		14.140	

测站	点号	水准尺读数/m			前后视高差/m	仪器视线高程/m	点的高程/m	备注
		后视	中视	前视				
3	TP$_2$	1.421					14.140	
	0+260		1.48				14.08	
	0+280		1.55				14.01	
	0+300		1.56			15.561	14.00	YZ
	0+320		1.57				13.99	
	0+335		1.77				13.79	
	0+350		1.97				13.59	
	TP$_3$			1.388	0.033		14.173	
4	TP$_3$	1.724					14.173	
	0+384		1.58				14.32	
	0+391		1.53			15.897	14.37	JD
	0+400		1.57				14.33	
	BM$_2$			1.281	0.443		14.616	(14.591)

记下各站数据后，即可计算各站前后视的高差及附合水准路线的观测高差。本例中，观测高差 $h_测 = 2.301\,\mathrm{m}$，该附合路线的高差理论值为 $h_理 = (14.591 - 12.315)\,\mathrm{m} = 2.276\,\mathrm{m}$，从而可计算出高差闭合差 f_h 为

$$f_h = h_测 - h_理 = (2.301 - 2.276)\,\mathrm{m} = 0.025\,\mathrm{m} = 25\,(\mathrm{mm})$$

算得容许闭合差为：

$$f_{h容} = \pm 50\sqrt{L} = \pm 50\sqrt{0.4}\,\mathrm{mm} = \pm 32\,(\mathrm{mm})$$

由于 $f_h < f_{h容}$，说明测量精度符合要求。在线路纵断面测量中，各中线桩的高程精度要求不是很高（读数只需读至厘米），因此在线路高差闭合差符合要求的情况下，可不进行高差闭合差的调整，直接计算各中线桩的地面高程。每一测站的各项计算可按下列公式依次进行：

$$视线高 = 后视点高程 + 后视读数$$
$$转点高程 = 视线高 - 前视读数$$
$$中线桩高程 = 视线高 - 中视读数$$

3. 纵断面图的绘制

纵断面图表示沿线路中线方向的地面高低起伏情况，它根据中平测量的成果绘制而成。

如图 6-12 所示，纵断面图以距离（里程）为横坐标，以高程为纵坐标，按规定的比例尺将外业所测各点画出，依次连接各点则得线路中线的地面线，为了明显表示地势变化，纵断面图的高程比例尺应比水平距离比例尺大 10 倍。在纵断面图的下部通常注有地面高程、设计高程、设计坡度、里程、线路平面及工程地质特征等资料。

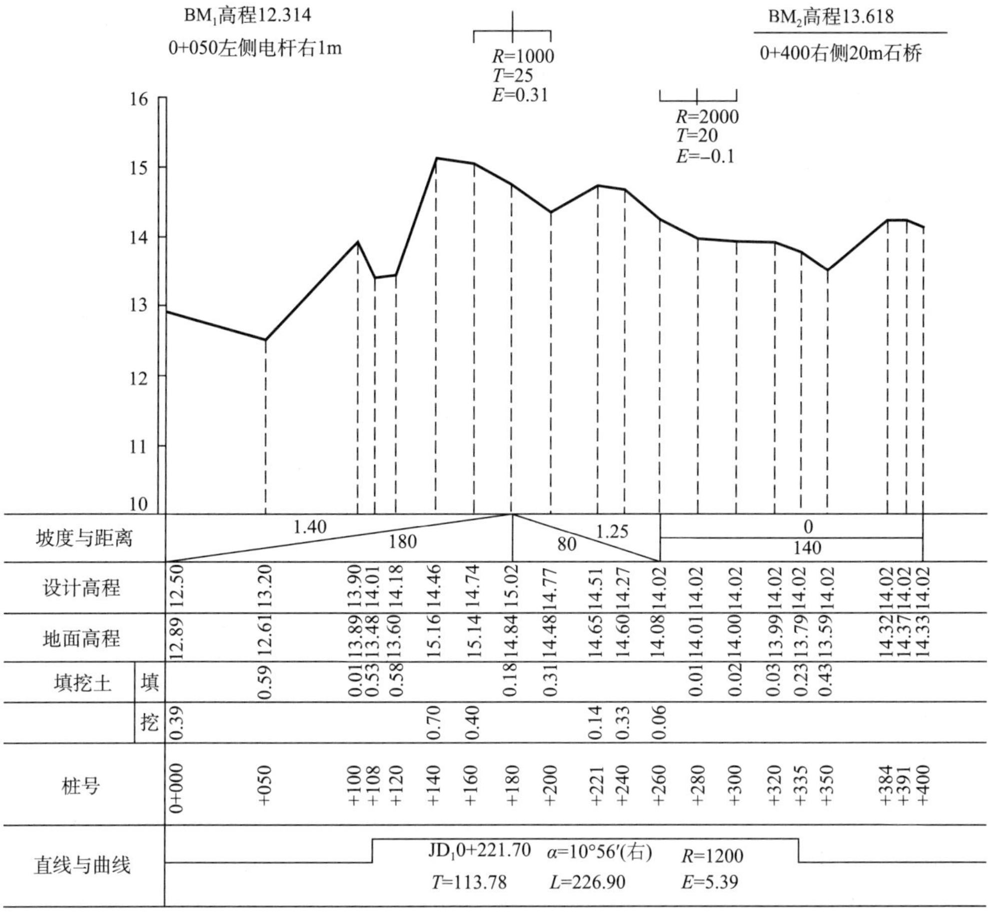

BM₁高程12.314
0+050左侧电杆右1m
R=1000
T=25
E=0.31
R=2000
T=20
E=−0.1
BM₂高程13.618
0+400右侧20m石桥
16
15
14
13
12
11
10
坡度与距离
1.40
180
1.25
80
0
140
设计高程
12.50 13.20 13.90 14.01 14.18 14.46 14.74 15.02 14.77 14.51 14.27 14.02 14.02 14.02 14.02 14.02 14.02 14.02 14.02 14.02
地面高程
12.89 12.61 13.89 13.48 13.60 15.16 15.14 14.84 14.48 14.65 14.60 14.08 14.01 14.00 13.99 13.79 13.59 14.32 14.37 14.33
填挖土
填
0.59 0.01 0.53 0.58 0.18 0.31 0.01 0.02 0.03 0.23 0.43
挖
0.39 0.70 0.40 0.14 0.33 0.06
桩号
0+000 +050 +100 +108 +120 +140 +160 +180 +200 +221 +240 +260 +280 +300 +320 +335 +350 +384 +391 +400
直线与曲线
JD₁0+221.70 α=10°56′(右) R=1200
T=113.78 L=226.90 E=5.39

图 6-12 道路纵断面图图

二、横断面测量

横断面测量是测定线路各中线桩处与中线相垂直方向的地面高低起伏情况，通过测定中线两侧地面变坡点至中线的距离和高差，即可绘制横断面图，为路基横断面设计、土石方量的计算和施工时边桩的放样提供依据。通常，线路上所有的百米桩、整桩和加桩都应测量横断面，其施测宽度及断面点间的密度应根据地形、地质和设计需要而定。

1. 横断面方向的测设

横断面的方向，通常可用十字架（也叫方向架，如图 6-13 所示）或经纬仪来测设。

当线路中线为直线时，如图 6-14 所示，可以用方向架测定横断面方向。方向架由坚固木料制成，长约 1.5m，在上部两个垂直方向镂空，中间插入两个互相垂直的觇板，下面镶以铁脚可以插入土中。将方向架插在中线桩上，以其中一觇板瞄准直线上另一中线桩，则另一觇板即为横断面方向。也可用经纬仪测定横断面方向，在需测定横断面的中线桩上安置经纬仪，瞄准中线方向，测设 90°角，则得横断面方向。

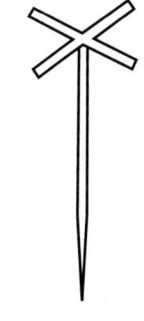

图 6-13 方向架

微课视频 6-4
横断面测量

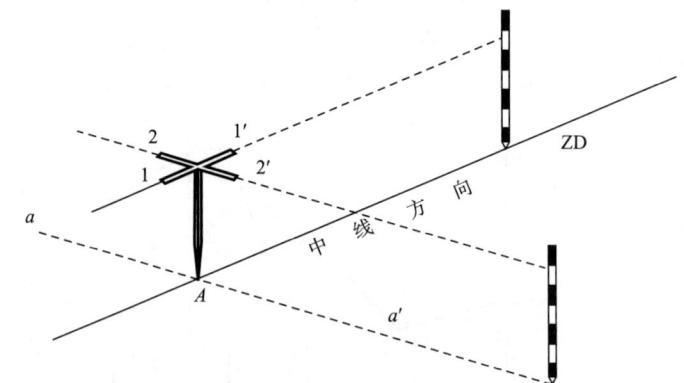

图 6-14　用方向架测定直线的横断面方向

当线路中线为圆曲线时，其横断面方向就是中线桩点与圆曲线圆心的连线。因此，只要找到圆曲线的圆心方向，就确定了中线桩点横断面方向。测设时，通常采用带活动定向杆的方向架，如图 6-15 所示，施测方法如下。

如图 6-16 所示，将十字架立于圆曲线起点 ZY，用 1-1′觇板瞄准 JD 方向，此时 2-2′觇板即为圆心方向，然后旋转活动觇板 3-3′瞄准圆曲线上的点 P_1，并用螺旋固定 3-3′觇板位置。移方向架于点 P_1，用 2-2′觇板瞄准圆曲线起点 ZY，按同弧两端弦切角相等的定理，此时，3-3′觇板所指的方向即为点 P_1 的圆心方向。用同样方法可定出圆曲线上任意一点的横断面方向。

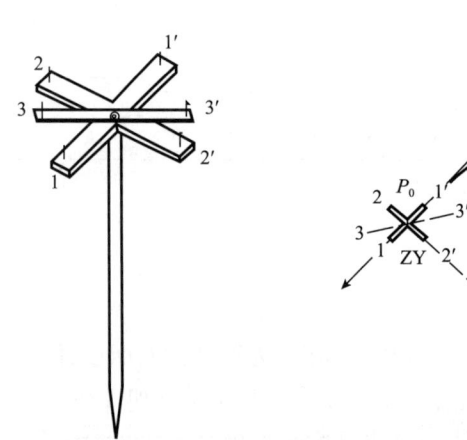

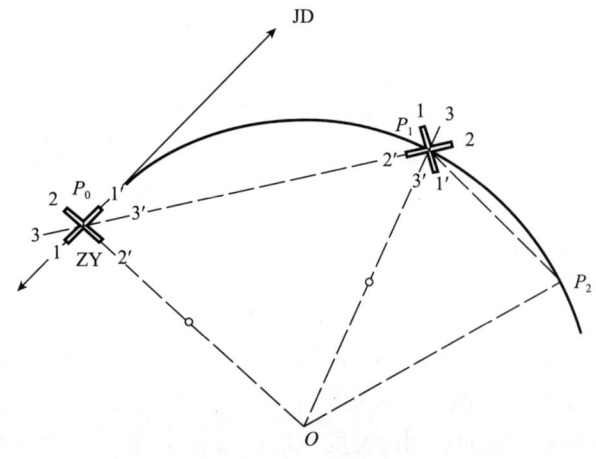

图 6-15　带活动定向杆的方向架　　　图 6-16　采用带活动定向杆的方向架测定圆曲线的横断面方向

同样，用经纬仪也可测定圆曲线的横断面方向。首先在圆曲线的起点 ZY 即点 P_0 安置经纬仪，后视切线方向，测设 90°角，则得点 P_0 的横断面方向。然后测出水平角 $\angle P_1 P_0 O$ 的值。将经纬仪搬至点 P_1 后，瞄准点 P_0，测设 $\angle P_0 P_1 O = \angle P_1 P_0 O$，则得点 P_1 的圆心方向。用同样方法可定出圆曲线上其他点的横断面方向。用经纬仪测量时，可只用盘左或盘右一个位置施测。

2. 横断面的测量方法

横断面上中线桩的地面高程已在纵断面测量时测出，所以测量横断面时只需测出横断面方向上各地形特征点至中线桩的平距和高差。横断面测量的方法通常有水准仪皮尺法、标杆皮尺法、经纬仪视距法和全站仪法。这里仅简单介绍水准仪皮尺法。

图 6-17 为水准仪皮尺法测量横断面。水准仪安置后,以中线桩地面高程点为后视,以中线桩两侧横断面方向上各地形特征点为中间视,读数可读至厘米。用皮尺分别量出各特征点至中线桩的水平距离,可量至分米。横断面水准测量记录如表 6-3 所示。也可用经纬仪代替水准仪施测。

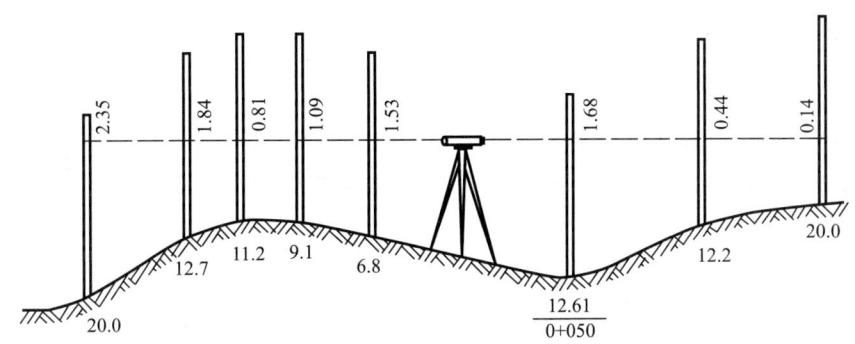

图 6-17 水准仪皮尺法测量横断面(单位:m)

横断面水准测量手簿(单位:m) 表 6-3

桩号	地形点距中线桩距离	水准尺读数		视线高	高程	备注
		后视	前视			
1	0 + 050	1.68		14.29	12.61	
	左 + 6.8		1.53		12.76	
	左 + 9.1		1.09		13.20	
	左 + 11.2		0.81		13.48	
	左 + 12.7		1.84		12.45	
	左 + 20.0		2.35		11.94	
	右 + 12.2		0.44		13.85	
	右 + 20.0		0.14		14.15	

3.横断面图的绘制

横断面图是表示在中线桩处垂直于线路中线方向地面起伏的图,它根据横断面测量成果绘制而成。

绘制横断面图时,以中线地面高程为准,以水平距离为横坐标,以高程为纵坐标,绘出各地面特征点,依次连接各点便成地面线,如图 6-18 所示。

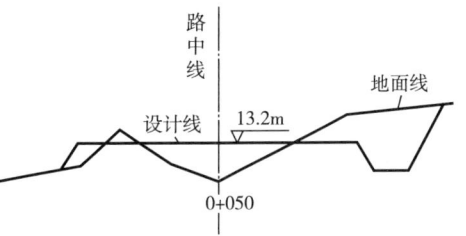

图 6-18 道路横断面图

同步训练 6-2

目标:理解纵、横断面测量方法。

同步训练 6-2

项目7
ITEM SEVEN
民用建筑施工测量

学习目标	**知识目标** 1. 知道施工坐标与测量坐标的概念。 2. 熟悉建立施工控制网的常见方法。 3. 知道基础工程施工测量方法。 4. 知道主体工程施工测量方法。
	能力目标 1. 会布设施工控制网。 2. 能用经纬仪或全站仪投测轴线。 3. 会用水准仪传递高程。
	素质目标 1. 具备施工质量的观念。 2. 具备安全作业的意识。 3. 具备吃苦耐劳的品质。
工作任务	1. 建立施工控制网。 2. 基础工程施工测量。 3. 主体工程施工测量。

民用建筑施工测量的目的是把图纸上设计的建(构)筑物的平面位置和高程,按照设计精度要求,将其测设在地面上或不同的建筑施工部位,并设置明显标志作为施工依据,以及在施工过程中进行一系列测量工作,指导各施工阶段有序施工。按工程进度划分,民用建筑施工测量可分为施工准备阶段的测量和施工过程中的测量。

本项目内容仅针对施工过程中的测量工作,主要涉及建立施工控制网、基础工程施工测量和主体工程施工测量。

任务 1　建立施工控制网

一、施工坐标系和测量坐标系换算

专为具体工程建设和工程放样而布设的测量控制网,称为施工控制网。从测量精度、点位分布与密度,控制点保存率等方面分析可知,测图控制网通常不能满足施工需要,而需另建施工控制网。

为工作方便,设计和施工时常采用独立坐标系。该类坐标系常以场区的道路、管线、设备安装轴线、大坝轴线等建(构)筑物的主要轴线为坐标主轴,称为施工坐标系。

为保证场区内建(构)筑物的坐标值均为正值,还可将坐标原点设在场区的左下角。

施工坐标系的纵轴(主轴)通常用 A 表示,横轴用 B 表示,施工坐标也叫 A、B 坐标。显然,施工坐标系与城市统一测量坐标系往往不一致,施工坐标系和测量坐标系必须建立联系,实现施工坐标与测量坐标间的双向换算。施工坐标系和测量坐标系之间关系数据(转换参数)通常由设计文件给出。

如图 7-1 所示,设 α 为施工坐标系($AO'B$)的纵轴在测量坐标系(xOy)内的方位角,$x_{O'}$、$y_{O'}$ 为施工坐标系原点 O' 在测量系内的坐标值,则点 P 在两坐标系统内的坐标 x_P、y_P 和 A_P、B_P 的关系为

$$\begin{cases} x_P = x_{O'} + A_P\cos\alpha - B_P\sin\alpha \\ y_P = y_{O'} + A_P\sin\alpha + B_P\cos\alpha \end{cases} \quad (7\text{-}1)$$

式中:α——旋转角;

$x_{O'}$、$y_{O'}$——平移量。

式(7-1)省略了长度比 K,或者说直接认定 K 等于 1。

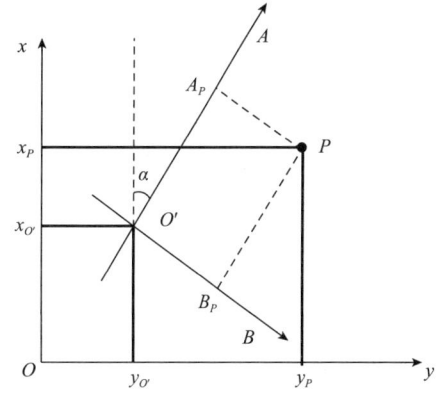

图 7-1　施工坐标与测量坐标系换算

由于全站仪和 GNSS 测绘技术的广泛应用,施工坐标系与测量坐标系的转换参数,时常需测量员自己求解。工作中常利用两个及以上公共点,进行四参数求解与换算,4 个参数分别是旋转角 α,平移量 $x_{O'}$、$y_{O'}$ 和长度比 K。

长度比 K 与 1 非常接近,其小数点后通常要达到 4 个 9 或 4 个 0,才能满足施工需要。工作中参数求解结果核查,或全站仪参数设置均需密切关注。

施工控制网的布设,应根据设计总平面图的布局和施工地区的地形条件确定。对于建筑物布置较规则和密集的大中型建筑场地,施工控制网一般布置成正方形或矩形格网,即建筑方

格网;对于面积不大而又简单的小型施工场地,可布置一条或几条建筑基线作为施工测量的平面控制;对于扩建或改建工程的建筑场地,可采用导线网作为施工控制网;当前,基于场区控制网进行施工放样最为普遍。

下面主要介绍建筑基线、建筑方格网和场区控制网的布设。

即问即答7-1　答案

即问即答 7-1

目标:理解施工坐标系及其坐标转换公式。

1.若建筑工地已建测图控制网,则无须再建施工控制网,此说法(　　)。

　A. 正确　　　　　　B. 错误

2.施工控制网常以建(构)筑物的主要轴线为坐标主轴,此说法(　　)。

　A. 正确　　　　　　B. 错误

3.为保证场区内建(构)筑物的坐标值均为正数,应将施工坐标系原点设在场区的(　　)。

　A. 左上角　　　　B. 左下角　　　　　　C. 右上角　　　　D. 右下角

4.坐标系四参数转换中,参数 α 称为(　　)。

　A. 旋转角　　　　B. 平移量　　　　　　C. 长度比　　　　D. 方位角

5.坐标系四参数转换中,参数 $x_{0'}$、$y_{0'}$ 称为(　　)。

　A. 旋转角　　　　B. 平移量　　　　　　C. 长度比　　　　D. 方位角

6.坐标系四参数转换中,参数 K 称为(　　)。

　A. 旋转角　　　　B. 平移量　　　　　　C. 长度比　　　　D. 方位角

7.坐标系四参数转换中,参数 K 约等于(　　)。

　A. 0.14　　　　　　B. 1　　　　　　　　C. 100　　　　　　D. 4687 或 4787

8.施工控制网转换参数 $\alpha = 30°$,$x_{0'} = 30000$,$y_{0'} = 90000$,$K = 1$,则 $P(80, -5)$ 在测量坐标系中的 y 坐标值为(　　)。

　A. 30071.782　　　B. 30066.782　　　　C. 90035.670　　　D. 90044.3300

1. 建筑基线的布设

在面积不大、地势较平坦的建筑场地上,作为施工测量的平面控制而布设的一条或几条基线,称为建筑基线。

根据建筑设计总平面图上建筑物的分布、现场地形条件和原有控制点的分布情况,建筑基线可布设成三点直线形、三点直角形、四点"丁"字形和五点"十"字形等形式,如图 7-2 所示。

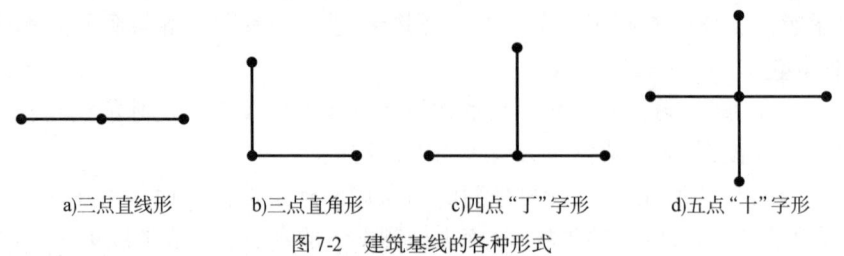

a)三点直线形　　　b)三点直角形　　　c)四点"丁"字形　　　d)五点"十"字形

图 7-2　建筑基线的各种形式

建筑基线应尽可能靠近拟建的主要建筑物,并与其主要轴线平行或垂直,以便用较简单的直角坐标法进行测设;基线点位应选在通视良好、不受施工影响且不易被破坏的地方。为能长期保存,需埋设永久性的混凝土桩。另外,基线点应不少于3个,以便校核。

2.建筑方格网的布设

在大中型建筑场地上,由正方形或矩形格网组成的施工控制网,称为建筑方格网,如图7-3所示。建筑方格网根据设计总平面图中建筑物和各种管线的位置,并结合现场地形条件来布设。其测设方法可采用布网法和轴线法。

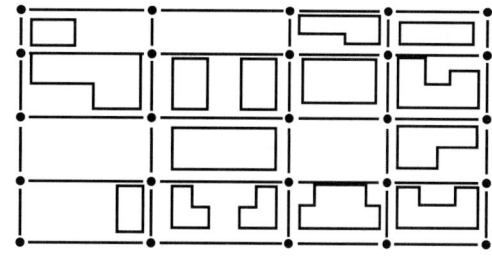

图7-3　建筑方格网

建筑方格网的主轴线应布设在场区中部,并与主要建筑物的基本轴线平行。然后布置其他格网点。方格网是场区建筑物放线的依据,网形可以为正方形或矩形。

当场区面积较大时,建筑方格网常分两级。首级采用"十"字形、"口"字形或"田"字形,然后加密方格网。当场区面积不大时,尽量一次性布置成全面方格网。

建筑方格网的折角应严格成90°,边长一般为100~300m。矩形建筑方格网的边长视建筑物的大小和分布而定,为了便于使用,边长尽可能为50m的整数倍。

另外,建筑方格网的边应保证通视,且便于测距与使用,点位标石应能长期保存。

下面介绍建筑方格网的轴线法测设。

主轴线的定位是根据测量控制点来测设的,如图7-4所示,P_1、P_2、P_3为测量控制点,A、O、B为主轴线点。

基于坐标反算求出测设数据β_1、s_1、β_2、s_2、β_3、s_3,然后用极坐标法测设A、O、B点的概略位置A'、O'、B'(亦可根据坐标,用GNSS直接定位概略位置),并用混凝土桩把A'、O'、B'标定下来。

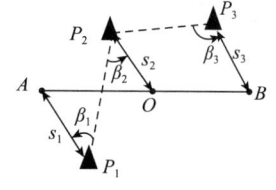

图7-4　根据测量控制点测设
方格网主轴线

桩的顶部常设置一块$10cm \times 10cm$的铁板供调整点位使用。因存在测量误差,3个主轴线点一般不在一条直线上,因此需要在点O'安置测角仪器,精确地测量$\angle A'O'B'$的角值β,如果它和180°之差超过$\pm 5''$(注:Ⅰ级建筑方格网测角中误差为5″,Ⅱ级为8″),则对A'、O'、B'的点位进行归化调整。调整的方法如下。

(1)调整一端点

如图7-5所示,调整点A'至点A,使A、O'、B'三点为一直线。调整值δ为

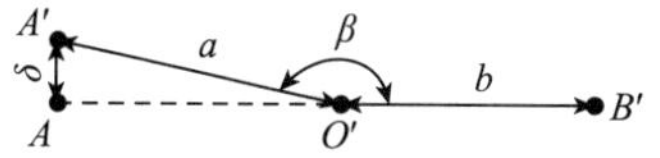

图7-5　调整主轴线的一端点

$$\delta = \frac{180° - \beta}{\rho''} \cdot a \tag{7-2}$$

式中:ρ——1弧度对应的秒值,即$\rho'' = 206265''$,下同。

(2)调整中点

如图7-6所示,调整点O'至点O,使A'、O、B'三点为一直线。调整值δ为

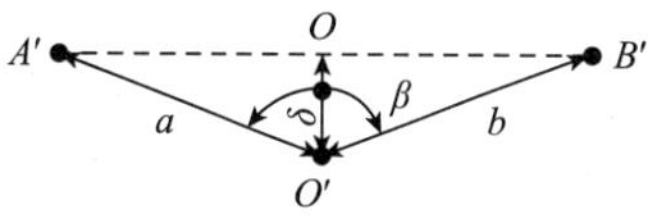

图7-6　调整主轴线的中点

$$\delta = \frac{ab}{a + b} \cdot \frac{180° - \beta}{\rho''} \tag{7-3}$$

（3）调整三点

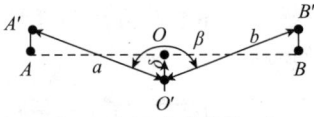

图 7-7　调整主轴线的三点

如图 7-7 所示,调整点 A' 至点 A,调整点 B' 至点 B,调整点 O' 至点 O,使 A、O、B 三点为一直线。调整值 δ 为

$$\delta = \frac{ab}{2(a+b)} \cdot \frac{180° - \beta}{\rho''} \qquad (7-4)$$

一般采用调整三点的方法为好。定好 A、O、B 三个主点后,将测角仪器安置在点 O,再测设与 AOB 轴线相垂直的另一主轴线 COD。测设时瞄准点 A,分别向左、右转 90° 定出点 C、D,其直角偏差应在 ±5″以内。

3. 场区控制网的布设

随着测绘技术的发展,建（构）筑物的施工放样模式发生了重大变化,基于设计坐标,可选用全站仪坐标放样,亦可选用 GNSS 直接定位。为此,需在施工区及其外围布设一定数量控制点,此类控制点即组成场区控制网。为满足建站、定向、检查或自由设站等需要,场区控制点应布设 3 个及以上,且保持通视性。

场区控制网根据场区实际,可布设成建筑方格网、卫星定位测量控制网、导线网或三角形网等形式。其测量成果相对勘测阶段控制点的定位精度,不应大于 50mm。

（1）小型建筑场地

对于小型建筑场地,通常在定位测量时,由承接定位任务的测绘单位,为业主和施工单位布设（预留）2 ~ 4 个场区控制点。该控制点宜达到城市三级控制点精度,以满足拟建对象与已有建（构）筑物之间的空间位置关系要求。同时,注意施工区外至少布设 2 个控制点。

在后期施工中,根据实际可采用导线、后方交会（自由设站）、GNSS 定位测量等方式加密。

（2）大中型建筑场地

对于大中型建筑场地,通常需自建施工控制网。当采用 GNSS 网作为场区控制网时,其主要技术要求应符合表 7-1 的规定。

场区 GNSS 网测量的主要技术要求　　　　　　　　　　　　　　　表 7-1

等级	边长/ m	固定误差 A/ mm	比例误差/ （mm·km^{-1}）	边长相对中误差
Ⅰ 级	300 ~ 500	≤5	≤5	≤1/40000
Ⅱ 级	100 ~ 300			≤1/20000

二、高程控制网

因测图高程控制网不能满足施工测量的需要,故在建平面控制网的同时,还需重建施工高程控制网。要求如下。

①施工高程控制网精度:不兼顾建筑物变形监测需要时,若建筑场地不大,常采用四等水准或等外水准来布设;场地较大时则宜分两级布设,可用三等水准布设首级网,四等水准布设加密网。

②施工高程控制点数量与分布:高程控制点应布设在地质稳定、不受施工影响、又易于施测的地方。施工区外至少布设2个高程控制点,施工区内则按需布设。

顾及全站仪三角高程和GNSS高程广泛取代水准高程,故平面控制点理应联测水准高程,以便使用。

为测算方便,较大建筑物附近需建专用水准点,即±0.00标高水准点。其位置多选在较稳定的建筑物墙面或柱体侧面,用红油漆或记号笔绘成上顶为水平线的倒三角(▼),水平引出标注线,标上±0.00。

不同建筑物室内地坪的绝对高程一般不相等,故宜加注对应绝对高程值,如±0.00(高程98.500m)字样。

> **同步训练7-1**
> 目标:理解施工控制网的建立方法。

同步训练7-1

任务2　基础工程施工测量

一、浅基础施工测量

基础是把建筑物荷载传递给地基的那部分结构。室外地坪至基础底面的垂直距离,称埋深。按埋深不同,基础可分为浅基础和深基础。一般地,埋深在5m以内的基础称浅基础,埋深在5m以上的基础称深基础。

浅基础常采用条形基础,由垫层、大放脚和基础墙三部分组成,如图7-8和图7-9所示。本任务以浅基础为例,介绍基槽开挖、垫层施工、基础砌筑等工序中的施工测量工作。

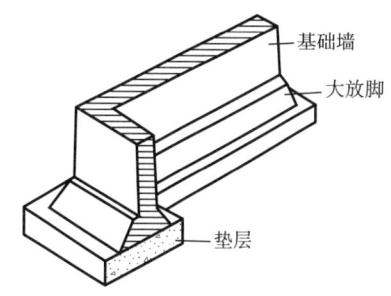

图7-8　条形基础构造

1. 熟悉设计图纸

设计图纸是施工测量的主要依据,是测设数据的来源。测设前应充分熟悉设计图纸内容,了解拟建建筑物与相邻地物的关系,以及建筑物的内部尺寸关系,准确获取测设工作中所需要的各种定位数据。与基础施工有关的设计图主要有建筑总平面图、建筑平面图、基础平面图和基础详图等。

2. 复核已有测量成果

进行基础施工测量前,应对场区控制点、建筑物定位点、轴线、±0.00等进行复核,确保无误。

3. 测设基槽开挖线

按基础剖面图给出的设计尺寸,计算基槽开挖宽度$2d$,如图7-10a)所示。

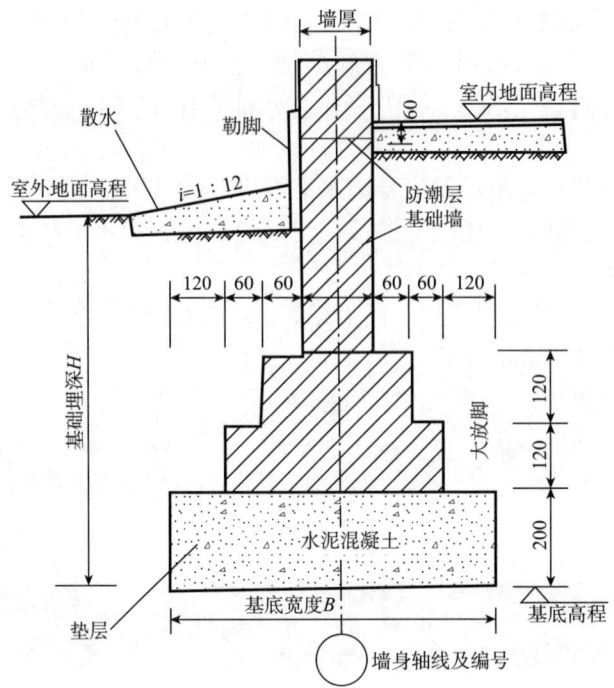

图 7-9　条形基础构造做法（尺寸单位：mm）

（1）放坡不留工作面

放坡只留工作面时，基槽上口半宽为

$$d = B/2 + mh \tag{7-5}$$

式中：B——基底宽度；

　　　h——基槽深度；

　　　m——边坡率分母。

定位轴线与基础中线重合时，以定位轴线为基准线，往两边各量 d，做好标记，拉线撒出白灰，即为开挖边线。

（2）放坡留有工作面

放坡留有工作面时，基槽两侧各加工作面宽度 c，如图 7-10b）所示。

基槽开挖线俯视情况如图 7-10c）所示。

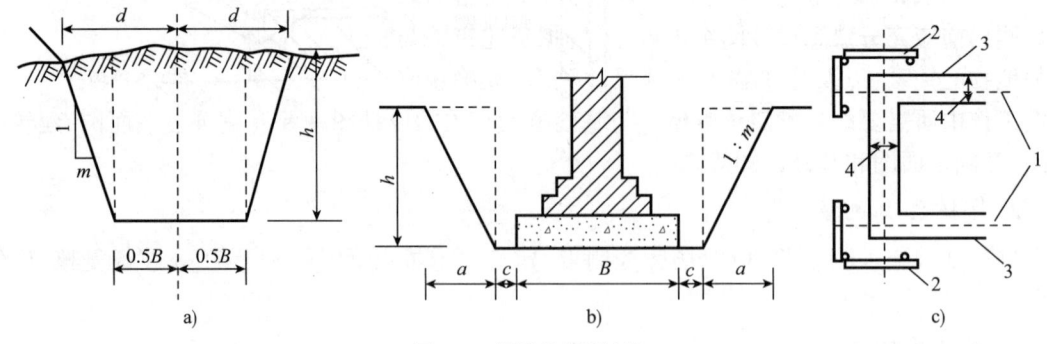

图 7-10　测设基槽开挖线

1-轴线；2-龙门板；3-白灰线；4-基槽上口宽

4. 基槽开挖深度控制

如图 7-11 所示,挖至槽底设计标高附近时,用水准仪等将标高引测至基槽拐点和侧壁,每隔 2 ~ 3m,测设出比槽底设计值高出 0.5m(或其他固定值)的水平桩,以控制开挖深度。机械开挖应随挖随测,严禁超挖,槽底 10cm 需人工清土,以提高基槽开挖精度与平整度。

5. 垫层标高控制

如图 7-12 所示,验槽后在槽底均匀打入垂直桩,并使桩顶等于垫层顶面设计值。若立模,则可在模板内壁用小铁钉标记,并弹出垫层标高水平线;也可直接控制模板顶面标高为垫层标高。

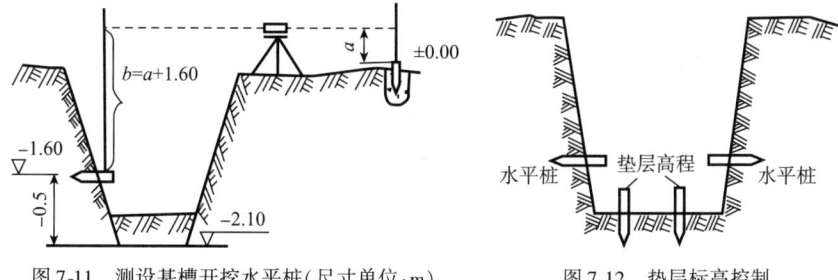

图 7-11 测设基槽开挖水平桩(尺寸单位:m)   图 7-12 垫层标高控制

6. 垫层轴线恢复

浇好垫层后,根据复核后的轴线钉或轴线控制桩,用全站仪投测法或拉线挂垂球法把轴线投测至垫层面上,并做好标记。按当前测绘技术,亦可考虑坐标定位法加以恢复。再根据相关尺寸,用墨线弹出基础中心线和边线(俗称撂底),以便砌筑基础或安装基础模板,如图 7-13 所示。

7. 基础标高控制

(1) 混凝土基础

浇筑混凝土、钢筋混凝土基础时,均要立模。故可将基础各层标高,利用水准仪从 ±0.00 处,依次引测至基础拐角模板内壁上,做好标记(常用小铁钉),弹出水平线,以控制各层标高,直至基础面。

(2) 砖基础

砖基础的标高,可用木杆制成的基础"皮数杆"控制,如图 7-14 所示。

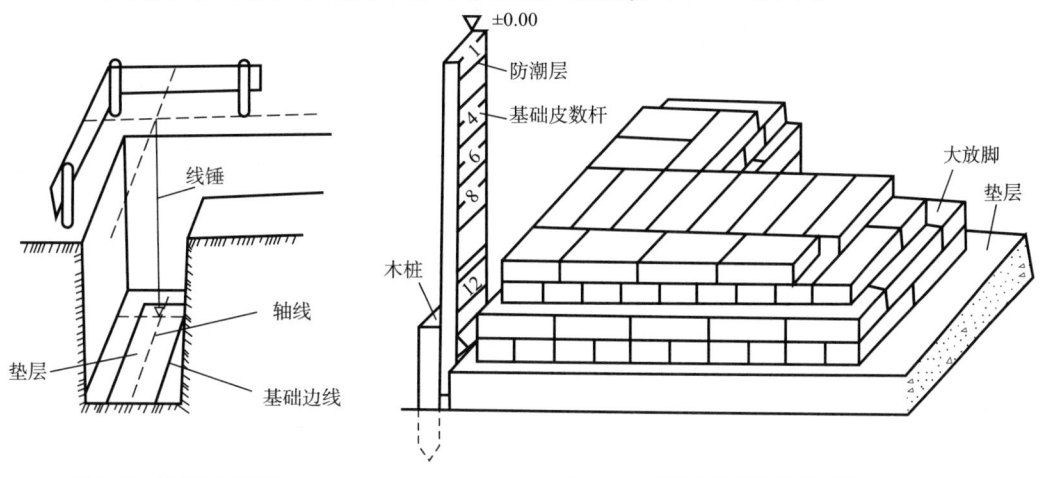

图 7-13 恢复垫层轴线   图 7-14 皮数杆控制砖基础标高

先在立杆处打一木桩,然后用水准仪在木桩上测设一条高于垫层标高某一数值的水平线,其对应标高为 $-h$。接着从皮数杆 ± 0.00 处,用钢尺垂直向下量取 h,并画水平线。最后将皮数杆、木桩同标高水平线对齐,铁钉固定,水泥包桩加固,以此作为砌筑基础墙的标高依据。

（3）基础面标高精度要求

当基础墙砌至 ± 0.00 下一层砖时,用水准仪测设防潮层标高。基于《工程测量标准》（GB 50026—2020）对标高竖向传递测量误差的规定,建筑物基础面标高测量允许误差为 $\pm 3mm$。

8. 基础面轴线恢复与直角检查

为防止大放脚收分不匀,在砌（浇）完后应及时复核轴线,无误后再砌筑基础直墙。

同步训练 7-2

基础施工结束后,需在基础面上恢复轴线,并检查直角和距离,无误后将轴线延伸至外墙侧面,以便墙体施工。

> **同步训练 7-2**
> 目标:能进行浅基础施工测量。

二、柱基础施工测量

柱基础是浅基础中的一种,按其形状不同分为杯形、阶梯形、锥形独立式基础等,如图 7-15 所示。杯形独立式基础接预制混凝土柱,预埋地脚螺栓的基础可接钢柱。

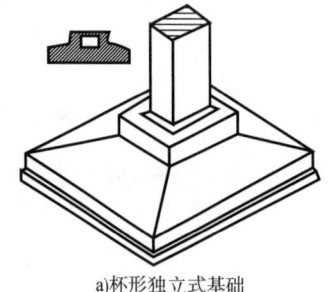
a)杯形独立式基础

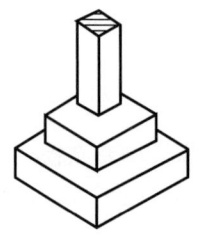
b)阶梯形独立式基础

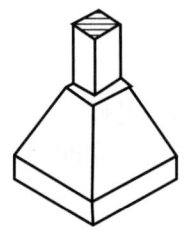
c)锥形独立式基础

图 7-15　柱基础的各种形式

不同类型柱基础的施工测量略有差异,但主要内容相同,均包括柱基定位,基坑、垫层抄平,模板、预埋件安置测量等。

1. 柱基定位

如图 7-16 所示,柱基定位就是测设出柱基定位桩,作为放样基坑开挖边线、修坑、立模的依据。

交会法:全面复核柱列轴线（定位轴线）位置后,将两台测角仪器分别安置在纵、横轴线控制桩上,同时瞄准对面同名轴线控制桩,交会出柱基定位点;场地不大且无风时,亦可用细线交会定点。

坐标放样法:可采用全站仪坐标放样或 GNSS 坐标定位。

2. 基坑开挖线测设

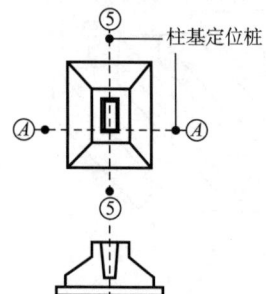
图 7-16　柱基定位

以柱基定位点为基准点,相应定位轴线为基准线,按照基础大样图尺寸,根据基坑深度、边坡率、工作面宽度计算出各侧开挖线距定位轴线的距离。从柱基定位点出发,用特制的角尺定向量距,放出基坑开挖线,撒白灰标出开挖范围。

注意:

①柱基定位轴线不一定是基础中心线,应仔细查看设计图纸。

②基坑外的定位轴线上宜增设定位小桩,作为修坑和立模的依据。

3. 基坑开挖深度控制

挖至坑底设计标高附近时,将标高引测至坑壁四周,测出比坑底设计值高0.5m(或其他固定值)的水平桩,以此控制基坑深度。

机械开挖则随挖随测,严禁超挖,槽底10cm人工清土。

4. 垫层标高控制

验槽后,在基坑底部均匀打入垂直桩,以此控制垫层标高,如图7-12所示。亦可用模板高度控制垫层标高。

5. 杯形柱基的基础模板及杯口内模板定位测量

(1)定位线的恢复

如图7-17所示,垫层施工结束,根据复核后的坑边柱基定位小桩,可用拉线吊垂球的方法,将柱基定位线投测到垫层上。再根据基础大样图中标明的相关尺寸,量出基底边线,基底边线与定位线相交处用红油漆画出标记,作为柱基立模板和布置基础钢筋的依据。

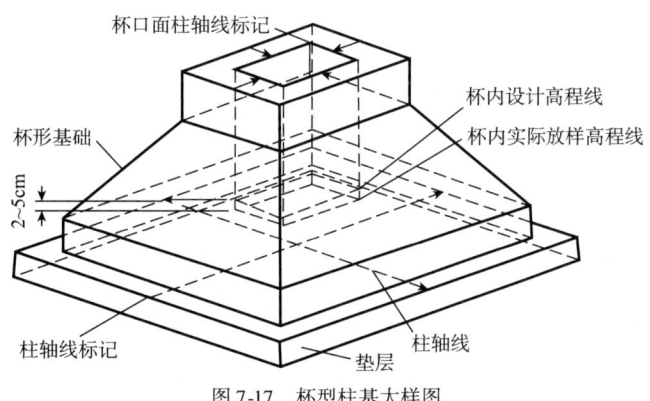

图7-17 杯型柱基大样图

(2)基础模板定位

将模板底线对准垫层上的定位标记,用垂球或水平尺检查竖直度,用水准仪测设出基础面高程和杯底施工高程(比设计高程低30~50mm),并在模板内壁钉小铁钉标志,即可浇筑混凝土。

(3)杯口内模板定位

浇筑混凝土接近杯底施工高程时,方可安装杯口内模板。根据轴线控制桩或定位小桩,可用拉线吊垂球的方法,将柱基定位线投设到基础模板上口,作为杯口内模板定位的依据。再用水准仪测设杯底施工高程,仔细核查无误后加以固定。

(4)杯口竣工后的测量

拆模后在杯口顶面标出柱中心线,并在内壁测设一条 -0.600m 标高线(杯口标高常为 -0.500m),作为修平杯底的依据。

杯形基础竣工后,应实测每个杯底高程,并编制竣工测量成果表,供安装柱子使用。

6.钢柱基础地脚螺栓定位测量

钢柱基础用预埋地脚螺栓代替了杯口内模板，其定位需注意以下两点：

①保证地脚螺栓之间的相对精度，以便地脚螺栓顺利穿过钢柱底板的孔洞，此可由工厂精密加工解决；

②保证地脚螺栓与定位轴线之间的相对精度，包括方向，以便钢柱安装到位。此可由恢复后的轴线加以控制解决。

根据《钢结构工程施工质量验收规范》（GB 50205—2020）的规定，钢柱基础面（支承面）标高施工误差应小于 3mm，螺栓中心偏移应小于 5mm，螺栓裸露长度可偏长 $1.0d \sim 1.2d$（d 为螺栓杆直径），但不允许偏短。

即问即答 7-2　答案

即问即答 7-2

目标：能进行柱基础施工测量。

---

1. 不能用于柱基定位测量的仪器是（　　）。

　　A.经纬仪　　　　B.全站仪　　　　C.GNSS 接收机　　　　D.垂准仪

2. 杯形柱基的杯底施工高程（　　）设计高程。

　　A.高于　　　　B.低于　　　　C.等于　　　　　　D.不确定

3. 杯形柱基拆模后需在杯口顶面标出柱中心线，杯口内壁测设出（　　）标高线，作为修杯底依据。

　　A. ±0.000　　　　B. −0.100m　　　　C. −0.500m　　　　D. −0.600m

4. 钢柱基础地脚螺栓的裸露长度只允许偏长，不允许偏短，此说法（　　）。

　　A.正确　　　　　　　　　　B.错误

三、桩基础施工测量

桩基础是深基础，完整桩基通常由基桩（桩柱）、承台和联系梁组成，如图 7-18 所示。

基桩的排列因建筑物形状和基础结构的不同而异。图 7-19 为某建筑基础一角的桩位图，承台下面是群桩，基础梁下面是单排桩或双排桩。

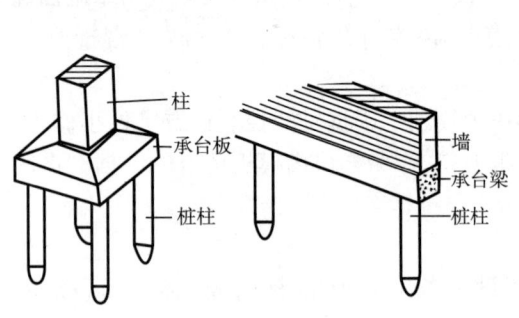

图 7-18　桩基础

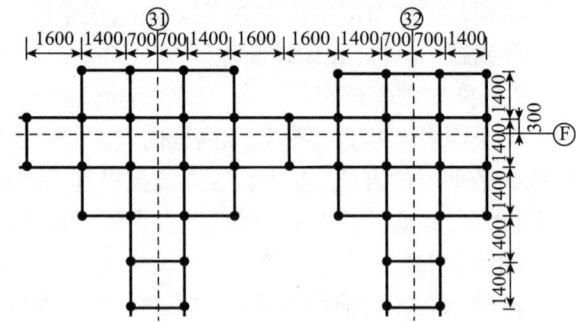

图 7-19　桩位图（尺寸单位：mm）

桩基础施工测量内容主要包含基桩定位、基桩施工监测、基桩验收测量（竣工测量）、承台及联系梁施工测量。本节将以人工挖孔灌注桩和锤击（静压）沉桩为例，介绍各工序中的测量工作。

1．桩位编号

根据施工图完成"桩位编号图"的绘制，桩位编号宜由建筑物的左下角开始，按从左到右、从下而上的顺序编号。

2．基桩定位

（1）定位方法选用

基桩定位应在控制点和各轴线核查无误后进行，其定位通常按照"先整体、后局部，先外廓、后内部"的顺序进行，根据桩的排列情况和仪器不同选用不同方法。

①方向线交会法。

当施工场地不大，且基桩中心位于轴线交点上时，可用方向线交会法定位。

②直角坐标法。

当基桩中心不在轴线交点上，但与邻近轴线有简单几何尺寸关系时，可用直角坐标法定位。

③全站仪放样。

当工程设计比较复杂，桩孔较多，且各轴线夹角特殊时，可用全站仪放样桩位。

④GNSS 定位。

目前基桩定位普遍采用 GNSS 定位，但需注意测前、测后检查。

（2）桩位复核与保护

不管选用何种方法放样桩位，均要用钢尺复核相邻桩与桩、桩与轴线间的距离，对照图纸仔细核对；对于外围角桩和其他重要桩位，应另外进行直角检查及闭合校正。

确认无误后，施工、监理、建设单位三方要进行基桩定位的复核检查，并填写桩位线复核签证单，方可进行下一道工序。

为保护桩志，应及时用水泥包桩加固，必要时还可设骑马桩，以便恢复桩位。

（3）基桩定位的精度要求

桩的定位精度要求较高，根据《工程测量标准》（GB 50026—2020）的规定，单排桩或群桩中的边桩测量允许偏差为 ±10mm，群桩为 ±20mm。

3．成桩过程中的监测

（1）人工挖孔灌注桩

人工挖孔灌注桩一般由承台、桩身和扩大头组成，图7-20 为人工挖孔灌注桩剖面图。其成桩过程中主要涉及桩孔中心点、高程、垂直度、桩径等监测内容。

①桩位中心点控制。

开挖前以桩中心点为中心，按相应的桩径，加大 2 倍护壁厚度作为内径，用砖砌一圈。通过桩中心临时引两条正交线，交井圈得 4 点，并标记之。

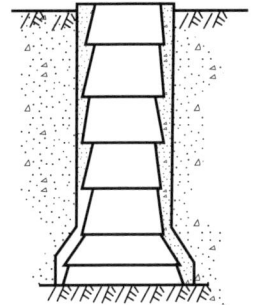

图 7-20　人工挖孔灌注桩剖面图

开挖深度达1m后，根据井圈上的标志拉线找中，用线锤引至坑底，指导浇筑首节混凝土护壁。拆模后及时恢复桩位中心标志，宜在混凝土护壁上口和内壁均做出"▷◁"定位线标记，4个为一组。由此确定的桩位中心点与设计轴线偏差不超过20mm。

②桩柱顶面设计高程测设。

用水准仪从±0.00引测，将桩柱顶面设计高程测设在首节护壁的内壁上，画上标记并注上高程值。桩柱顶面设计高程测量误差应小于3mm。

③成孔直径和垂直度控制。

桩孔向下开挖过程中，要求每模吊中，成孔直径允许偏差为±50mm，可用钢尺量取。成孔垂直度偏差不超过0.5%，可采用吊线垂方式测量。

④成孔深度（桩底高程）控制。

一般以首节混凝土护壁内侧的桩柱顶面设计高程标记为基准，向下丈量至孔底。孔深不得小于设计要求。

⑤钢筋笼垂直度控制及定位。

钢筋笼就位时，用吊机将钢筋笼吊起，使之保持垂直，对准孔位缓慢放入孔内。到达设计高程（误差±100mm）后，检查钢筋笼中心与桩孔中心是否重合，无误后将其固定。

⑥混凝土浇筑高程控制。

连续浇筑混凝土至护壁基桩顶面设计高程的标记处。

人工挖孔灌注桩的桩顶高程施工误差为 -50 ~ +30mm，其他灌注桩（如沉管灌注桩）的桩顶施工高程要超出设计高程500mm。

（2）锤击（静压）沉桩

锤击沉桩是利用桩锤落到桩顶上的冲击力来克服土对桩的阻力，使桩沉到预定的深度或到达持力层的方法。静压沉桩是利用无噪声、无振动的静压力将桩压入土中的方法。

沉桩过程中，主要涉及垂直度监测、桩顶高程控制、桩位及周边建筑物位移监测等内容。

①垂直度监测。

沉桩施工中，桩垂直度偏差应不大于0.5%。

垂直度监测可用两台测角设备在1.5倍桩高处正交安置（宜架在桩列中心线上）、双向监测的方法进行，当两设备的纵丝均与桩身中心线重合（或平行）时，表明桩已铅垂。实际工作中，可由打桩机驾驶室前端的重锤线替代一台测角设备。有时也用长条水准尺紧贴桩身校正，此法也需从两个方向检查。

目前，打桩机和旋挖钻机通常已配倾角感应器，大大提高了工作效率。

②桩顶高程控制。

沉桩桩顶的施工高程通常比设计高程高出150~200mm。

当桩顶设计高程大于或等于施工场地高程时，用水准仪或全站仪等确定末节桩的桩顶实际高程，以控制打（压）余量，避免超打（压）。

当桩顶实测高程远大于设计高程且不再打（压）桩时，在桩上标出设计高程线。

当桩顶设计高程小于施工场地高程时，应送桩。此时，桩顶高程控制方法有两种：

a. 通过跟踪测量特定长度送桩器的顶部高程，间接控制；

b. 计算当前水准仪视线与桩顶设计高程的差数，而送桩器从基部向上丈量此差值，并做标记,水准仪中丝切到该标记时,表明桩已送至设计位置。

③桩位及周边建筑物位移监测。

由于沉桩挤土效应明显,每打(压)完一条流水线后,应对即将开打(压)的桩位进行复核,平面位移量大于或等于20mm时,应重新定位并移桩。同时,适量抽取已打基桩,对其桩顶高程和水平位移进行监测。可利用全站仪三维坐标测量功能实施监测。

4.施工后的桩位检测

施工后应对桩位进行检测。

(1)根据轴线测量桩位偏差

根据轴线重新测设基桩的设计位置,用红漆标在桩顶上,并量出桩实际中心偏离设计位置的两个坐标分量δ_A及δ_B(施工坐标系),注记于桩位平面图上。利用附近施工水准点,测出每个桩的实际高程,求得与设计高程之差数δ_h,注记于图上,并填写桩位偏差验收记录。只有当δ_A、δ_B、δ_h等在规范允许偏差范围内时,才能进行下一步施工。

(2)根据控制点测量桩位偏差

置全站仪于已知控制点上或自由设站,依次采集桩顶实际中心点的三维坐标,并与设计坐标比较得δ_x、δ_y、δ_h,必要时通过坐标系转化得δ_A、δ_B。

若配以脚架与支座,则可以采用 GNSS 定位测量。

同步训练 7-3

> **同步训练 7-3**
> 目标:能进行桩基础施工测量。

任务3　主体工程施工测量

一、建筑物的轴线投测

当施工到达 ±0.00 高程以后,须逐层向上投测轴线,以控制建筑物的垂直度。

基础工程完工后,用全站仪将建筑物主轴线和其他中心线精确地投测到建筑物底层,同时弹出门窗和其他洞口的边线,以便浇筑混凝土时架立钢筋、支模板及墙体砌筑。投测建筑物主轴线时,应在建筑物底层或墙的侧面设立轴线标志,以供上层投测之用。

高层建筑轴线竖向投测的精度要求随其结构形式、施工方法和高度的不同而有差异。对于钢结构、钢筋混凝土结构和砌体结构,其轴线竖向投测的测量允许偏差应满足表 7-2 中的规定(表中 H 为建筑物高度)。

建筑物轴线竖向投测方法分外控法和内控法。

1.外控法

当建筑物外围施工场地比较宽阔,且主体不高时,可采用外控法。

轴线竖向投测的测量允许偏差

表 7-2

项目		测量允许偏差/mm
每层（层间）		3
建筑总（全）高 H/m	$H \leqslant 30$	5
	$30 < H \leqslant 60$	10
	$60 < H \leqslant 90$	15
	$90 < H \leqslant 120$	20
	$120 < H \leqslant 150$	25
	$150 < H \leqslant 200$	30
	$H > 200$	按 40% 的施工限差取值

如图 7-21 所示，将全站仪安置在 A 轴控制桩 A_1 和 A_1'，B 轴控制桩 B_1 和 B_1' 上，分别照准首层的被投测轴线点 a_1、a_1'、b_1 和 b_1'，向上投测到施工层的楼板 a_2、a_2'、b_2 和 b_2' 上，并盘左盘右取中，其连线即为 A 轴和 B 轴在楼板上的投影。

随建筑物加高，投测仰角变大，不仅投测不便，且影响精度，此时须将轴线控制桩外延（延长轴线法）或抬升，如图 7-22 所示。

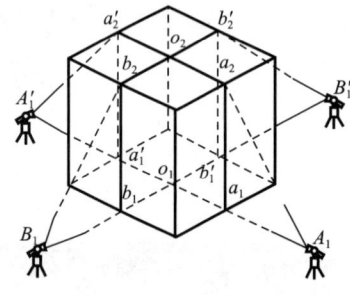

图 7-21　外控法测设轴线

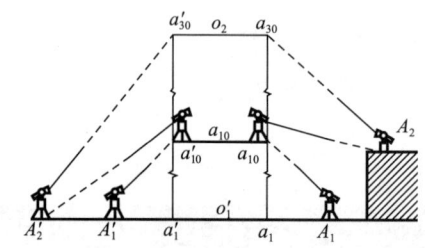

图 7-22　延长轴线法测设轴线

2. 内控法

当施工场地窄小，特别是在建筑物密集的市区建造高层建筑时，应采用内控法。

内控法需在建筑物底层建立施工平面控制网。通常在围护结构封闭前施测，内控点宜设置在浇筑完成的预埋件上或预埋的测量标板上；其与墙体间距应保证能安置仪器，其连线应平行或垂直于建筑物主要轴线；在各楼层与控制点竖向相应位置上预留传递孔。

利用光学垂准仪、激光垂准仪、重垂球等建立垂准线，将底层控制点竖向投测到不同高度的楼层，如图 7-23 所示。

（1）吊线坠法

吊线坠法是悬吊特制较重的线坠，以底层靠近建筑物轮廓的轴线交点为准，直接向各施工楼层悬吊引测轴线。预留吊孔如图 7-24 所示。此法经济、简单、直观。逐层悬吊线坠投测

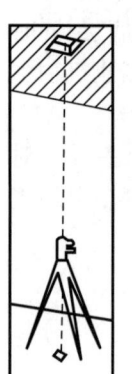
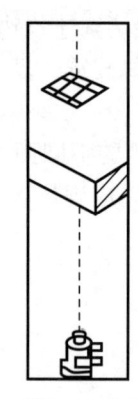
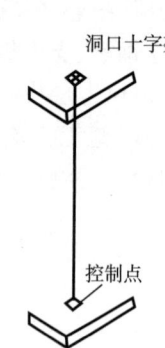

洞口十字架

控制点

图 7-23　内控法测设轴线

时,只要操作认真准确,精度就能满足要求。

(2)光学垂准仪法

①光学天顶法。

光学天顶法可用光学垂准仪或配弯管目镜的全站仪(需拆除把手)来实现。后者操作步骤如下:

在投测点安置仪器,将望远镜指向铅垂向上方向,慢慢将仪器水平旋转一周,通过弯管目镜仔细观察,如视线总是指向一点,则说明视线铅垂。

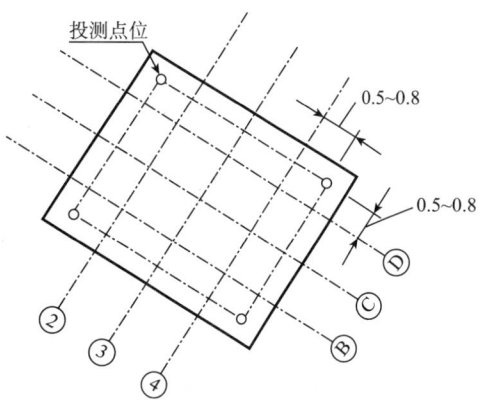

图7-24 预留吊孔(尺寸单位:m)

在施工层预留孔上,固定好分划板,从弯管目镜中观察,望远镜十字丝交点就是被投测点的位置。一般需在0°、120°、240°三个方位上进行投测,取示误三角形的重心为被投测点的位置;亦可采用0°、180°、90°、270°正交投测,取十字交叉点为最终点位。

同一施工层需投测多点,以便互相校核。

②光学天底法。

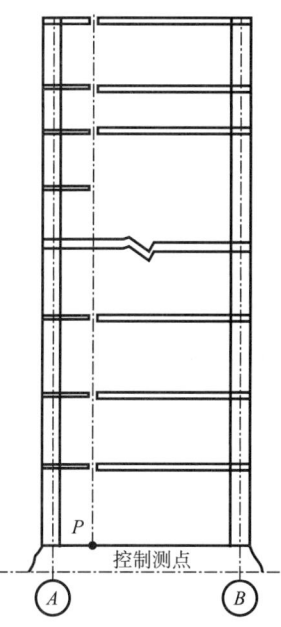

图7-25 光学天底法测设轴线

光学天底法需选用光学垂准仪。在施工层上安置光学垂准仪,视线通过各层预留孔照准底层内控点(图7-25中的点 P),再在安置仪器的施工层上投测并标定出控制点的位置。

(3)激光垂准仪法

激光垂准仪是一种专用于铅直定位的仪器,广泛应用于高层建筑、烟囱、电视塔的竖向定位测量,其既可向上投测,也可向下投测。激光铅垂仪竖向投测步骤如下。

①建底层施工控制网。

如图7-26、图7-27所示,根据建筑物平面布置和结构,在底层选择合适投测位置,点数≥3个。注意:内控点应距墙、柱、梁0.6~1m,确保能安置仪器。

内控点平稳后,精密测量各点之间的距离与角度,并在围护结构封闭前联测场区施工控制网,平差解算可得内控点与周围轴线的关系数据。

②投测。

置校正好的激光垂准仪于内控点上,仔细对中整平,调节好亮度和光斑大小。在施工层预留孔上放置接收靶,靶上激光束光斑就是所投测的点,实测中宜用测回法投测。

现以投测精度为1/100000的JC-100全自动激光垂准仪(图7-28)为例,介绍如下:

a.精确下对点(即对中整平)后,按上下出光选择键,使激光点向上投点;

b.让仪器正面朝向操作者(X 方向),在激光靶上取激光点中心,标出 $X1$;

c.将仪器旋转180°,在激光靶上取激光点中心,标出 $X2$;

d. 将仪器旋转 $90°$（Y 方向），在激光靶上取激光点中心，标出 $Y1$；

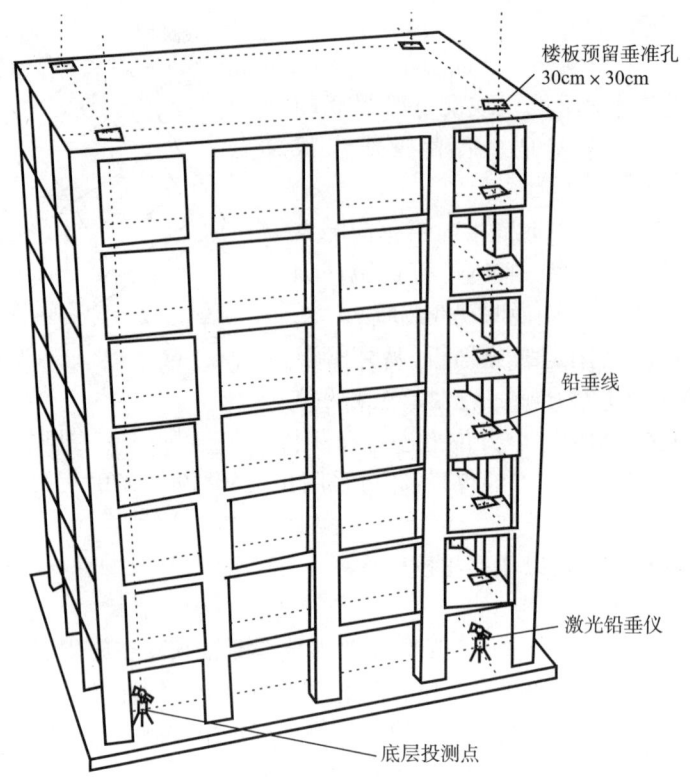

图 7-26　激光垂准仪法测设轴线

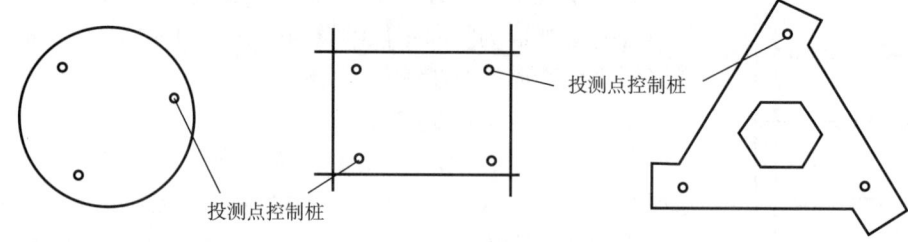

图 7-27　不同平面布置建筑的投测点位图

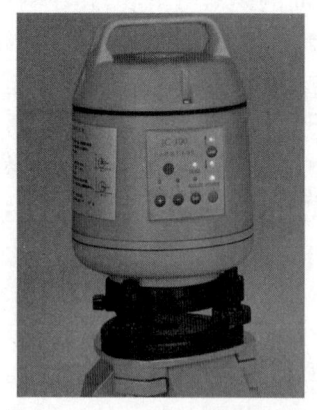

图 7-28　JC-100 全自动激光垂准仪

e. 将仪器再旋转 $180°$，在激光靶上取激光点中心，标出 $Y2$；

f. 连线 $X1X2$ 和 $Y1Y2$ 的交点即为垂准投点。

注意：

①为提高可靠性，宜进行多测回投点。

②因仪器自动安平，垂准仪光斑需有一个稳定静止时间。

③高层、超高层建筑物的轴线竖向投测宜分段接力进行，每 $10 \sim 20$ 层为一个区段，并设一定数量的重叠楼层，以复核传递末端的精确性。

③校核。

在投测层上,精确测量各投测点之间的距离和角度,并与底层控制点数据校核,无误后在楼面上画出十字标志,作为本层定位的依据。

同步训练 7-4

> **同步训练 7-4**
> 目标:能进行建筑物轴线投测。

二、建筑物的高程传递

在建筑施工中,要从下层楼面向上层楼面传递高程。根据现场水准点、±0.00 线或外墙 −0.100 线,将高程向上传递到施工层,作为各楼层测设标高的依据,特别是测设 +50 线的依据。标高竖向传递测量允许偏差要满足表 7-3 的要求。

标高竖向传递测量允许偏差 表 7-3

项目		测量允许偏差/mm
每层(层间)		±3
建筑总(全)高 H/m	$H \leqslant 30$	±5
	$30 < H \leqslant 60$	±10
	$60 < H \leqslant 90$	±15
	$90 < H \leqslant 120$	±20
	$120 < H \leqslant 150$	±25
	$150 < H \leqslant 200$	±30
	$H > 200$	按 40% 的施工限差取值

传递高程的方法有以下几种。

1. 皮数杆传递

在皮数杆上,自 ±0.00 线起,门窗口、楼板、过梁等构件的标高都已标明。一层楼砌好后,则从一层皮数杆起一层一层往上接,就可以把标高传递到各楼层。

2. 钢尺直接丈量

基于 ±0.00 线,直接用钢尺向上丈量,把标高传递上去。

3. 水准仪-钢尺高程传递

在高层建筑的垂直通道(如电梯井、垂准孔等)中悬吊钢尺,钢尺下端挂重锤,用钢尺代替水准尺,在下层、上层各架一次水准仪,将标高传递上去,从而测设出各楼层的设计高程,如图 7-29 所示。

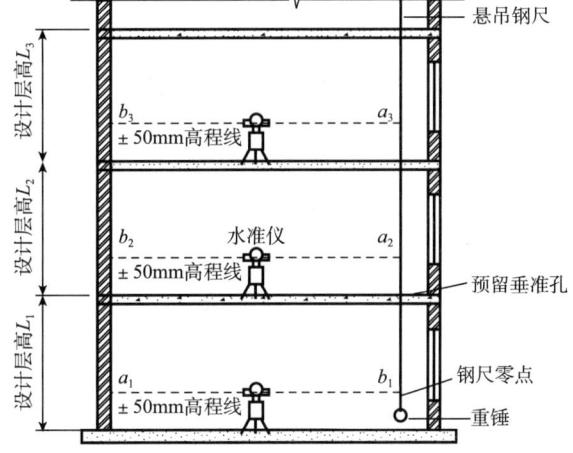

图 7-29 水准仪-钢尺高程传递法

传递点数目根据建筑物的大小和高度确定。规模较小的多层建筑,宜从 2 处位置分别向上传递;规模较大的高层建筑,宜从 3 处位置向上传递。各处传递的标高较差应≤3mm。

注意：

①钢尺读数应进行温度、尺长和拉力改正。

②确保钢尺不滑动,其零点应位于上方悬挂处。

③钢尺可向上传递高程,也可向下传递高程。

④楼上、楼下两钢尺读数差为两次视线高之差。

⑤实际工作中宜首选本法传递高程。

4. 全站仪三角高程传递

全站仪三角高程测量能一次性克服大落差,且对向观测能代替四等水准测量。

距离较近时,单条测距边高程传递误差为 5~10mm,能基本满足楼层施工需要。

若想进一步提高传递精度,可采用高精度全站仪"对称水准式"三角高程测量。此法无须量取仪高 i 和觇高 v(用同一支对中杆),同时能削弱地球曲率、大气垂直折光、竖盘指标差等对高差测量的影响,传递精度可达毫米级。此法可克服超高层结构施工中用大盘尺垂直引测基准标高时的累积误差影响。

全站仪坐标数据采集模式能获取测点三维坐标,但其精度和可靠性有限,慎用。

注意：施工层应设 2~4 个传递点,各处传递的标高较差应≤3mm。

5. GNSS 高程传递

GNSS 定位测量亦能获取测点三维坐标,RTK 模式下高程精度为 15~30mm,一般不能满足楼层施工需要,不宜采用。

若项目必须采用 GNSS 高程,建议施工层和地面各设 3~4 个控制点,组网静态观测。

即问即答7-3　答案

即问即答 7-3

目标:能进行建筑物高程传递。

1. 建筑物各施工楼层均应测设"+50"线,此说法(　　)。

　　A. 正确　　　　　B. 错误

2. 建筑物第 N 施工层的"+50"线,是相对于(　　)而言的。

　　A. 平均海平面　　　　　　　　　　B. 室外地坪 ±0.00

　　C. 室内地坪 ±0.00　　　　　　　　D. 第 N 层楼板

3. 用水准仪-钢尺传递高程时,钢尺零点应位于上方悬挂点处,此说法(　　)。

　　A. 正确　　　　　　　　　　　　　B. 错误

4. 用水准仪-钢尺传递高程时,已知一楼视线高 98.000m,一楼、八楼钢尺读数差 22.000m,八楼待测点 P 的中间视为 1800,则点 P 高程为(　　)m。

　　A. 1680　　　　　B. 1920　　　　　C. 118.200　　　　D. 121.800

项目8
ITEM EIGHT
建筑物的变形监测

学习目标	**知识目标** 1.熟悉建筑物变形监测的内容和基本要求。 2.熟悉建筑物沉降观测方法。 3.知道建筑物倾斜、位移观测方法。	
	能力目标 1.会使用水准仪开展建筑物沉降观测工作。 2.能绘制沉降观测曲线图。	
	素质目标 1.具备严谨求实、精益求精的工作态度。 2.具备安全作业的意识。 3.具备团队协作能力。	
工作任务	1.建筑物沉降观测。 2.建筑物倾斜观测。 3.建筑物位移观测。	

　　建筑物变形监测是指用专门的仪器和一定的方法手段对建(构)筑物位移、沉降、倾斜、挠度、裂缝等进行监测,并提供变形分析预报的过程。变形监测又称为变形测量或变形观测。建筑物变形监测内容主要包含:位移观测、沉降观测、倾斜观测、挠度观测、裂缝观测等。变形监测得到的数据是变形分析、预见性维护等的主要依据,也可为判断工程建筑物的安全性提供必要的信息。本项目主要介绍建筑物沉降观测、建筑物倾斜观测和建筑物位移观测。

　　与一般的测量工作相比,建筑物变形监测具有以下特点:精度要求高、需要重复观测、观测时间长、数据处理方法严密等。大型或重要工程建（构）筑物在工程设计时应对变形监测统筹安排，施工开始时即应进行变形监测。

变形测量点分为基准点、工作基点和变形观测点。基准点是确认固定不动的点，用于测定工作基点和变形观测点。工作基点是作为直接测定变形观测点的相对稳定的点，也称工作点。变形观测点是设置在变形体上的照准标志点，也称变形点、观测点。变形测量点的布设应符合下列要求。

①基准点应布设在变形影响区域之外稳固可靠的位置。每个工程至少应有 3 个基准点。

②工作基点应选在比较稳定且方便使用的位置。对通视条件较好或观测项目较少的小型工程，可不布设工作基点。

③变形观测点应布设在能反映监测体变形特征的位置。

变形监测的基本要求如下。

①对于重要工程建（构）筑物，在工程设计时，应对变形监测的内容和范围作统筹安排，并由监测单位制订详细的监测方案。首次观测时，宜获取监测体初始状态的观测数据。

②由基准点和部分工作基点构成的监测基准网，应每半年复测一次；当对变形监测成果产生怀疑时，应随时检核监测基准网。

③变形监测网应由部分基准点、工作基点和变形观测点构成。监测周期应根据监测体的变形特征、变形速度、观测精度和工程地质条件等因素综合确定。监测期间，应根据变形量的变化情况适当调整。

④各期的变形监测，应满足下列要求：在较短的时间内完成；采用相同的图形（观测路线）和观测方法；使用同一仪器和设备；观测人员相对固定；记录相关的环境因素，包括荷载、温度、降水、水位等；采用统一基准处理数据。

⑤变形监测作业前，应收集相关水文地质、岩土工程资料和设计图纸，并根据岩土工程地质条件、工程类型、工程规模、基础埋深、建筑结构和施工方法等因素，进行变形监测方案设计。方案设计应包括监测的目的、精度等级、监测方法、监测基准网的精度估算和布设、观测周期、项目预警值、使用的仪器设备等内容。

⑥每期观测前，应对所使用的仪器和设备进行检查、校正，并做好记录。

⑦每期观测结束后，应及时处理观测数据。当数据处理结果出现下列情况之一时，必须即时即刻通知建设单位和施工单位采取相应措施：变形量达到预警值或接近允许值，变形量出现异常变化，建（构）筑物的裂缝或地表的裂缝快速扩大。

⑧监测项目的变形分析，对于较大规模的或重要的项目，宜包括下列全部内容；对于较小规模的项目，至少应包括下列 1～3 项的内容：观测成果的可靠性；监测体的累计变形值和相邻观测周期的相对变形量分析；相关影响因素（荷载、气象和地质）的作用分析；回归分析；有限元分析。

⑨变形监测项目应根据工程需要提交下列有关资料：变形监测成果统计表；监测点位置分布图；建筑裂缝位置及观测点分布图；水平位移量曲线图；等沉降曲线图（或沉降曲线图）；荷载、温度、水平位移量相关曲线图；荷载、时间、沉降相关曲线图；位移（水平或垂直）速率、时间、位移量曲线图；变形监测报告等。

我国《工程测量标准》（GB 50026—2020）规定的变形监测的等级划分及精度要求如表 8-1 所示。

变形监测的等级划分及精度要求（单位：mm）   表8-1

等级	垂直位移监测		水平位移监测	适用范围
	变形观测点的高程中误差	相邻变形观测点的高差中误差	变形观测点的点位中误差	
一等	0.3	0.1	1.5	变形特别敏感的高层建筑、高耸构筑物、工业建筑、重要古建筑、大型坝体、精密工程设施、特大型桥梁、大型直立岩体、大型坝区地壳变形监测等
二等	0.5	0.3	3.0	变形比较敏感的高层建筑、高耸构筑物、工业建筑、古建筑、特大型和大型桥梁、大中型坝体、直立岩体、高边坡、重要工程设施、重大地下工程、危害性较大的滑坡监测等
三等	1.0	0.5	6.0	一般性的高层建筑、多层建筑、工业建筑、高耸构筑物、直立岩体、高边坡、深基坑、一般地下工程、危害性一般的滑坡监测、大型桥梁等
四等	2.0	1.0	12.0	观测精度要求较低的建（构）筑物、普通滑坡监测、中小型桥梁等

注：1. 变形监测点的高程中误差和点位中误差，是指相对于邻近基准点的中误差。
　　2. 特定方向的位移中误差，可取表中相应等级点位中误差的1/2作为限值。
　　3. 垂直位移监测，可根据需要按变形监测点的高程中误差或相邻变形监测点的高差中误差，确定监测精度等级。

任务1　建筑物沉降观测

一、垂直位移监测基准网

垂直位移监测基准网应布设成环形并采用水准测量方法观测。垂直位移监测基准网的主要技术要求，应符合表8-2的规定。

垂直位移监测基准网的主要技术要求（单位：mm）   表8-2

等级	相邻基准点高差中误差	每站高差中误差	往返较差或环线闭合差	检测已测高差较差
一等	0.3	0.07	$0.15\sqrt{n}$	$0.2\sqrt{n}$
二等	0.5	0.15	$0.30\sqrt{n}$	$0.4\sqrt{n}$
三等	1.0	0.30	$0.60\sqrt{n}$	$0.8\sqrt{n}$
四等	2.0	0.70	$1.40\sqrt{n}$	$2.0\sqrt{n}$

注：表中 n 为测站数。

1. 水准点的布设

建筑物沉降观测是依据建筑物附近的水准点进行的，所以这些水准点必须稳定牢固。水准点数目应不少于3个，以便相互校核。对水准点要定期进行检测，以保证沉降观测成果可靠准确。

布设水准点时应考虑下列因素：水准点应尽量与观测点接近，其距离以20～100m为宜；水准点应在受振区域以外，以避免受到振动影响；水准点应距离公路、铁路、地下管道和滑坡至少5m；水准点应避免埋设在低洼易积水处及松软土地带；水准点的埋设深度至少要在冰冻线下0.5m，以避免受到冻胀影响。

在一般情况下，可以利用工程施工时使用的水准点，作为沉降观测的水准基点。如果施工场地的水准点离建筑物较远或条件不好，为了便于进行沉降观测和提高精度，可在建筑物附近另行埋设水准基点。

2. 水准点的形式与埋设

沉降观测水准点的形式与埋设要求，一般与三、四等水准点相同，但也应根据现场的具体条件、沉降观测在时间上的要求等确定。

当观测急剧沉降的建（构）筑物时，若建造水准点已来不及，可在已有建筑或结构物上设置标志作为水准点。但必须证明这些建筑或结构物的沉降已经终止。在山区建设中，建筑物附近常有稳固基岩，可在岩石上凿一洞，用水泥砂浆直接将金属标志嵌固于岩石中。当场地为砂土或在其他不利情况下，应建造深埋水准点或专用水准点。

3. 沉降观测水准点高程的测定

起始点高程宜采用测区原有高程系统测定。对于较小规模的监测工程，可采用假定高程系统；对于较大规模的监测工程，宜与国家水准点联测。

4. 观测点的布置和要求

观测点的位置和数量，应根据基础构造、荷载，以及工程地质和水文地质的情况而定。建（构）筑物的主要墙角，沿外墙每10～15m处或每隔2～3根柱基上，房角、纵横墙连接处及沉降缝两旁，人工地基和天然地基接壤处，建（构）筑物不同结构分界处的两侧等均应设置观测点。烟囱、水塔、高炉、油罐、炼油塔等圆形构筑物，则应在其基础的对称轴线上布设观测点。当建（构）筑物出现裂缝时，观测点应布设在裂缝两侧。总之，观测点应设置在能表示出沉降特征的地点。

观测点合理布置，可以全面精确地查明沉降情况。这项工作应由设计单位或施工单位技术部门负责确定。观测点的布置不便于测量时，观测人员应与设计人员协商，重新合理布置。所有观测点应以1:100～1:500的比例尺绘制在平面图上，并加以编号，以便于观测和记录。

对观测点的要求如下：观测点本身应牢固稳定，确保点位安全，能长期保存；高度以高于室内地坪（±0.00）0.2～0.5m为宜；观测点的上部必须为突出的半球形状或有明显的突出之处，与柱身或墙身保持一定的距离；要保证在点上能垂直置尺和有良好的通视条件。

5. 民用建筑沉降观测点的形式与埋设

民用建筑沉降观测点大都设置在外墙勒脚处。观测点埋在墙内的部分应大于露出墙外部分的5～7倍，以便保持观测点的稳定性。常用的观测点有预制墙式观测点、燕尾形观测点和角钢埋设观测点。

图 8-1 为预制墙式观测点,由混凝土预制而成,其大小做成普通黏土砖规格的 1~3 倍,中间嵌以角钢,角钢棱角向上,并在一端露出 50mm。在砌砖墙勒脚时,将预制块砌入墙内,角钢露出端与墙面夹角为 50°~60°。

图 8-2 为燕尾形观测点,利用直径为 20mm 的钢筋,一端弯成 90°角,一端制成燕尾形埋入墙内。

图 8-3 为角钢埋设观测点,用长 120mm 的角钢,在一端焊一铆钉头,另一端埋入墙内,并以 1:2 水泥砂浆填实。

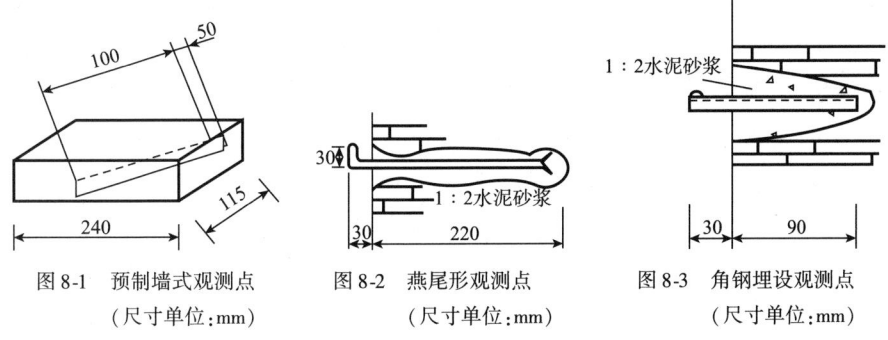

图 8-1　预制墙式观测点　　　图 8-2　燕尾形观测点　　　图 8-3　角钢埋设观测点
（尺寸单位:mm）　　　　　　（尺寸单位:mm）　　　　　　（尺寸单位:mm）

6. 柱基础及柱身观测点

钢筋混凝土柱观测点的形式及设置方法如下:

如图 8-4 所示,用钢凿在柱子 ±0 高程以上 10~50cm 处凿洞(或在预制时留孔),将直径在 20mm 以上的钢筋或铆钉制成弯钩形,平向插入洞内,再以 1:2 水泥砂浆填实。

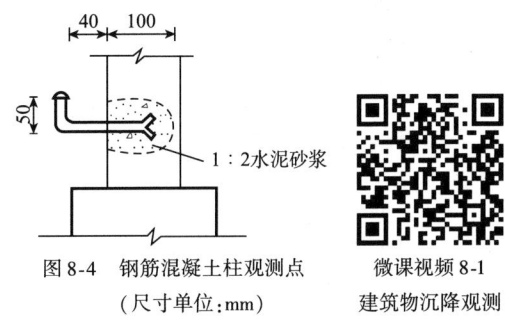

图 8-4　钢筋混凝土柱观测点　　　微课视频 8-1
（尺寸单位:mm）　　　　　　建筑物沉降观测

二、建筑物沉降观测方法和一般规定

1. 沉降观测的时间和次数

沉降观测的时间和次数,应根据工程性质、工程进度、地基土性质及基础荷载增加情况等确定。

在施工期间,较大荷载增加前后(如基础浇灌、回填土、安装柱子、房架、砖墙每砌筑一层楼、设备安装、设备运转、工业炉砌筑期间、烟囱每增加 15m 左右等)均应进行观测;如施工期间中途停工时间较长,则应在停工时和复工前进行观测;基础附近地面荷载突然增加,周围大量积水及暴雨后,或周围大量挖方等均应进行观测。

高层建筑施工期间的沉降观测周期,应每增加 1~2 层观测 1 次;建筑物封顶后,应每 3 个月观测 1 次,连续观测 1 年。如果最后两个观测周期的平均沉降速率均小于 0.02mm/d,可以认为整体趋于稳定,如果各点的沉降速率均小于 0.02mm/d,即可终止观测。否则,应继续每 3 个月观测 1 次,直至建筑物沉降趋于稳定。

工业厂房或多层民用建筑的沉降观测总次数不应少于 5 次。竣工后的观测周期,可根据建(构)筑物的沉降稳定情况确定。

2. 沉降观测工作的要求

沉降观测是一项较长期的系统观测工作，为了保证观测成果的正确性，应尽可能做到"四定"：固定人员观测和整理成果；固定使用水准仪及水准尺；使用固定的水准点；按规定的日期、方法及路线进行观测。

3. 对使用仪器的要求

对于水准仪视准轴与水准管轴的夹角 i，DS_1、DSZ_1 型不应超过 15″，DS_3、DSZ_3 型不应超过 20″，DS_{05}、DSZ_{05} 型不应超过 10″；对于补偿式自动安平水准仪的补偿误差 $\Delta\alpha$，二等水准不应超过 0.2″，三等水准不应超过 0.5″；对于水准尺上的米间隔平均长与名义长之差，线条式因瓦水准尺不应超过 0.15m，条形码尺不应超过 0.10m，木质双（单）面水准尺不应超过 0.50m。

4. 确定沉降观测的路线并绘制观测路线图

对观测点较多的建(构)筑物进行沉降观测前，应深入现场，根据实际情况制订观测方案，确定仪器的安置，选定若干较稳定的沉降观测点或其他固定点作为临时水准点（转点），并与永久水准点组成环路。最后，应根据选定的临时水准点、仪器位置及观测路线，绘制沉降观测路线图，以后每次都按固定的路线观测。采用这种方法进行沉降观测，可避免寻找设置仪器位置的麻烦，加快施测进度；并且由于路线固定，可提高测量精度。但应注意：必须在测定临时水准点高程的同一天内同时观测其他沉降观测点。

5. 沉降观测点的首次高程测定

沉降观测点首次观测的高程值是以后每次观测的数据依据，其精度直接影响以后的观测成果。因此，首次监测应进行两次独立测量，以保证精度。

三、沉降观测精度及成果整理

1. 沉降观测精度的规定

①对于连续生产设备基础和动力设备基础、高层钢筋混凝土框架结构及地基土性质不均匀的重要建筑物，沉降观测点相对于后视点高差测定的允许偏差为 ±1mm（即仪器在每一测站观测完前视各点以后，再回视后视点，两次读数之差不得超过 1mm）。

②对于一般厂房、基础和构筑物，沉降观测点相对于后视点高差测定的允许偏差为 ±2mm。

③每次观测结束后，要检查记录计算是否正确，精度是否合格，并进行误差分配；然后将观测高程列入沉降观测成果表中，计算相邻两次观测之间的沉降量，并注明观测日期和荷载情况。为了更清楚地表示沉降、时间、荷载之间的相互关系，还要画出每一观测点的时间与沉降量的关系曲线及时间与荷载的关系曲线，如图 8-5 所示。

时间与沉降量的关系曲线，以沉降量 S 为纵

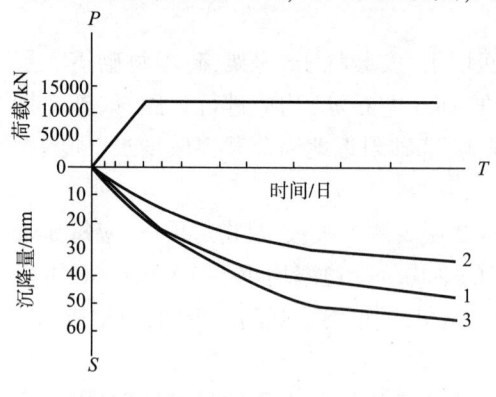

图 8-5　时间与沉降量、荷载的关系曲线

轴,时间 T 为横轴,根据每次观测日期和每次下沉量按比例画出各点,然后将各点连接起来,并在曲线的一端注明观测点号。

时间与荷载的关系曲线,以荷载 P 为纵轴,时间 T 为横轴,根据每次观测日期和每次的荷载画出各点,然后将各点连接起来。

将两种关系曲线合画在同一图上,以便能更清楚地表明每个观测点在一定时间内,所受到的荷载及沉降量。

2. 沉降观测应提交的成果资料

①监测点布置图。

②观测成果表。

③时间-荷载-沉降量曲线。

④等沉降曲线。

即问即答 8-1　答案

即问即答 8-1

目标:会进行沉降观测。

---

1. 沉降观测时,为了提高观测精度,可采用固定测量人员、固定测量仪器和(　　)的"三固定"方法。

　A. 固定测量时间　　　　　　　　　　　B. 固定测量周期

　C. 固定测量路线　　　　　　　　　　　D. 固定测量精度

2. 建筑物沉降观测常用的方法是(　　)。

　A. 距离测量　　　　　B. 水准测量　　　　　C. 角度测量　　　　　D. 坐标测量

3. 沉降观测时水准基点和观测点之间的距离一般应在(　　)m 范围内,一般沉降点是均匀布置的,距离一般为(　　)m。

　A. 80、5 ~ 10　　　　　B. 80、10 ~ 20　　　　　C. 100、5 ~ 10　　　　　D. 100、10 ~ 20

任务2　建筑物倾斜观测

变形观测中的倾斜观测主要针对高耸建(构)筑物主体进行,如高层建筑、水塔、烟囱等。通过测定顶部观测点相对底部观测点的偏移量及相对高度,计算出倾斜度与倾斜方向。倾斜度是指最大水平偏移值与相对高度的比值;倾斜方向是指最大水平偏移方向与建筑物轴线或正北方向的夹角。倾斜观测常用方法介绍如下。

一、测角仪器垂直投影法

测角仪器垂直投影法如图 8-6 所示,墙 Π_1、Π_2 正交,C、C' 为顶部和下部墙角点,$C_{投}$ 为顶部点 C 的垂直投影,A、B 为置仪点。

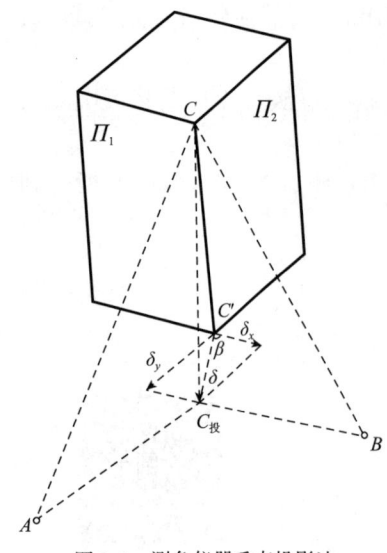

图 8-6　测角仪器垂直投影法

在墙 Π_2 地脚线的延长线上置测角仪器，如点 A，精确照准顶部点 C，水平制动，松垂直制动螺旋，瞄准紧贴在墙 Π_1 上的水平直尺，读取竖丝处直尺刻划值 n。注意：此直尺应将整分米刻划 N 与下部 C' 对齐，则此视准轴垂线方向上的水平偏移量 $\delta_x = n - N$，通常外偏为正；同理得 δ_y。另外，由卷尺或三角高程测得 CC' 相对高差 ΔH。因此，有如下三式。

最大倾斜量为

$$\delta = \sqrt{\delta_x^2 + \delta_y^2} \tag{8-1}$$

倾斜度为

$$i = \frac{\delta}{\Delta H} \tag{8-2}$$

在墙 Π_1 地脚线为主轴的局部坐标系中，最大倾斜方向的主值为

$$\beta = \arctan\frac{\delta_y}{\delta_x} \tag{8-3}$$

二、全站仪坐标测量法

1. 多边形建筑物

（1）直接测角点三维坐标法

参照图 8-6，置全站仪于点 A，瞄准点 C 后，配盘 270°（置仪于点 B 则配盘 180°），如此配盘是顾及"外偏为正"。在免棱镜模式或反射片模式下，测出 C、C' 的三维坐标 (x_C, y_C, z_C) 和 $(x_{C'}, y_{C'}, z_{C'})$，则有如下三式。

最大倾斜量为

$$\delta = \sqrt{(x_C - x_{C'})^2 + (y_C - y_{C'})^2} \tag{8-4}$$

倾斜度为

$$i = \frac{\delta}{\Delta H} = \frac{\delta}{z_C - z_{C'}} \tag{8-5}$$

局部坐标系中，最大倾斜方向的主值为

$$\beta = \arctan\frac{y_C - y_{C'}}{x_C - x_{C'}} \tag{8-6}$$

（2）直线拟合交会法

免棱镜模式测量墙拐角坐标的精度不高，可采用直线拟合交会法提高监测精度。

参照直接测角点三维坐标法置仪与配盘。首先在 A 测站，测出墙 Π_1 上与点 C 临近的多个同高点，拟合出墙 Π_1 顶部外墙直线 l_1；然后测量和拟合出墙 Π_1 下部外墙直线 l_1'；接着支站至点 B，点 A 定向后，测量和拟合出墙 Π_2 上部、下部外墙直线 l_2 和 l_2'；l_1 与 l_2、l_1' 与 l_2' 两两求交，得墙角点 C、C' 平面坐标，进而求出倾斜量和倾斜方向。

2.圆形建筑物

（1）曲线拟合法

基于监测网和全站仪免棱镜功能，采集构筑物顶部圆（基部圆）的筒壁三维坐标，同高碎部点要求不少于 3 个。利用同高点拟合圆方程，解得筒心平面坐标，再由上下两筒心坐标差，求得最大倾斜量、倾斜方向和倾斜率。此法成果可靠，精度较高。

（2）圆柱偏心测量法

基于监测网和全站仪圆柱偏心测量功能，直接测得上、下筒心三维坐标，据之推出最大倾斜量、倾斜方向和倾斜率。

三、角度前方交会法

圆形建筑角度前方交会法如图 8-7 所示，A、B 是监测网的工作基准，$O_上$、$O_下$ 为圆形建筑顶部圆、基部圆圆心。上$_左$、上$_右$、下$_左$、下$_右$ 为筒壁切点。其

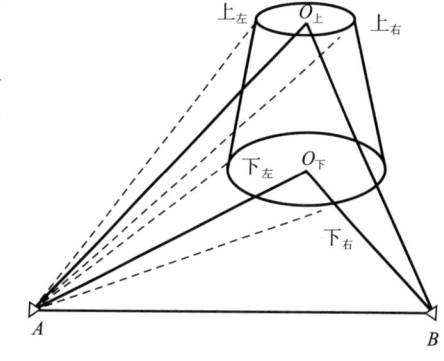

倾斜观测可用角度前方交会法。

置测角仪器于点 A，按 B—下$_左$—下$_右$—上$_右$—上$_左$—B 顺序，全圆方向观测得各方向值，顾及 $AO_上$、$AO_下$ 为对应角平分线，推得水平角 $\angle BAO_上$ 和 $\angle BAO_下$。同理得水平角 $\angle ABO_上$ 和 $\angle ABO_下$。观测过程中注意下$_左$与下$_右$、上$_右$与上$_左$需同高。

根据角度前方交会原理，内业解得上、下筒心平面坐标，据之推出最大倾斜量、倾斜方向。已知相对高度时可进一步求得倾斜率。另外，对于有中心标志的塔，可直接瞄塔尖观测。

图 8-7　圆形建筑角度前方交会法

四、垂直基准线法

早年，工匠常采用锤球检查墙体是否铅垂。

目前，测量员常基于建筑物竖向通道，用垂准仪建立垂直基准线，丈量上、下同名特征点相对于基准线的纵、横坐标，再由坐标差推出最大倾斜量和倾斜方向。

五、基础差异沉降法

基础差异沉降法也是建筑物倾斜观测的一种重要方法。根据一对沉降观测点的沉降差和间距，可得基础在该方向上的倾斜角（相对初期状态），同理得到正交方向的倾斜角，由此可推出基础最大倾斜角及倾斜方向，顾及刚体特性，可知监测体顶部倾斜情况。

同步训练 8-1

目标:理解倾斜观测方法。

同步训练 8-1

任务3 建筑物位移观测

变形观测中的位移观测是指建（构）筑物的整体水平位移，或上部相对于下部的位移。其产生原因主要有地质滑坡、深基坑施工、横向外力、气温变化、水压变化等。水平位移观测常用方法介绍如下。

一、基准线法

基准线法是水平位移观测的基本方法。根据使用仪器不同，可分为视准线法、激光准直法和引张线法。其中，视准线法最为常见，根据观测方法不同又可细分为测小角法、活动觇牌法和测交角法；而激光准直法与引张线法偶见于对大中型水工构筑物的观测。

（1）测小角法

测小角法如图8-8所示，基于建（构）筑物变形观测基准网，在监测点 P_i 所在直线延长线上，建稳定的工作基准 A 和 B，必要时另设校核点。P_i 为监测点，d_i 为监测点至基准线的垂距，垂足为 D。置测角仪器于 A，以 B 为置零方向，精确测出 B、A、P_i 三点组成的水平夹角 β_i，并规范至小角，同时测出 AP_i 间概略距离 S_{AP_i}。

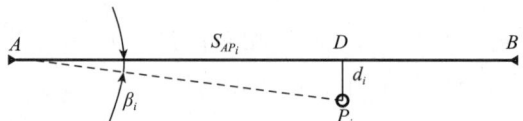

图8-8　测小角法

因此，水平位移值为

$$d_i = S_{AP_i}\tan\beta_i = S_{AP_i}\sin\beta_i = \frac{S_{AP_i}\beta_i}{\rho''} \tag{8-7}$$

位移方向：β_i 为正时右偏，β_i 为负时（规范前非常接近360°）左偏。

（2）活动觇牌法

活动觇牌法类同于测小角法，但需在点 P_i 上安置活动觇牌，如图8-9所示，并对活动觇牌进行零位差测定。参照测小角法，置测角仪器于点 A，精确照准点 B 并水平制动，松垂直制动，调焦使活动觇牌像清晰，指挥组员缓慢转动测微器，使觇牌中心精确落在望远镜纵丝上，再由测微器直接读出偏移量。

（3）测交角法

测交角法如图8-10所示，参照测小角法埋设工作基

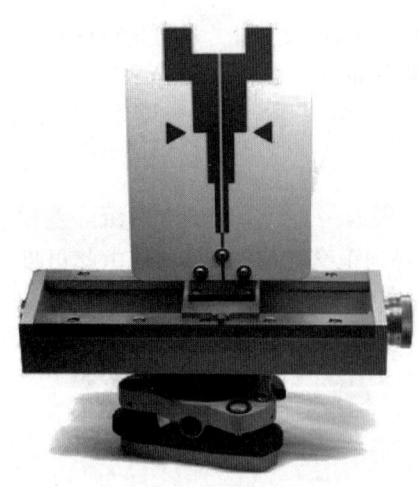

图8-9　活动觇牌

准 A 和 B。P_i 为监测点，d_i 为监测点至基准线的垂距。现置测角仪器于 P_i，以 A 为置零方向，精确测出 A、P_i、B 三点组成的水平夹角 γ_i，同时测出 P_i 至 A、B 的概略距离 S_{AP_i} 和 S_{BP_i}。顾及 $\triangle AP_iB$ 面积公式及直伸特性，可得如下等式：

$$\frac{(S_{AP_i} + S_{BP_i})d_i}{2} = \frac{S_{AP_i}S_{BP_i}\sin\gamma_i}{2} \tag{8-8}$$

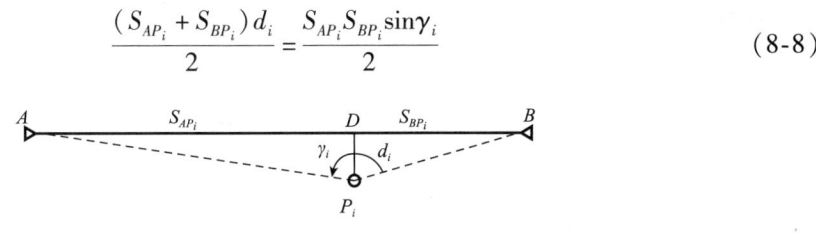

图 8-10　测交角法

由此可推出水平位移值：

$$d_i = \frac{S_{AP_i}S_{BP_i}\sin\gamma_i}{S_{AP_i} + S_{BP_i}} \tag{8-9}$$

位移方向：交角 $\gamma_i < 180°$ 时右偏，$\gamma_i > 180°$ 时左偏。

本法在工作基准上不设站，故遇布点困难地段，可将基准线端点设在墙面上。

二、全站仪极坐标测量法

随着高精度（测角精度 $0.5'' \sim 1''$；测距精度 $\pm(1\text{mm} + 1 \times 10^{-6}D)$、伺服型全站仪的出现，极坐标测量成为水平位移监测的一种快捷方法。

大坝、危岩等建议采用高精度、伺服型全站仪自动观测；而一般建筑工地可选用非伺服型，如桩位检测，但宜采用双测站观测法提高可靠性。垂直角较大时，宜采用导线形式观测计算。

三、交会法

用交会法进行水平位移观测时，宜采用三点交会法提高可靠性。角度前方交会的交会角宜在 $60° \sim 120°$ 之间；距离前方交会的交会角宜在 $30° \sim 150°$ 之间；基于全站仪自带程序，自由设站法（后方交会）亦被广泛使用。

四、卫星定位法

对于地壳运动，大区域地表变形，高大建筑、大型桥梁变形等，可基于卫星定位技术建立变形监测网，实现远程、全天候、实时、自动化监测。

五、测斜仪法

测斜仪常用于监测基坑壁或滑坡的深层土体水平位移。

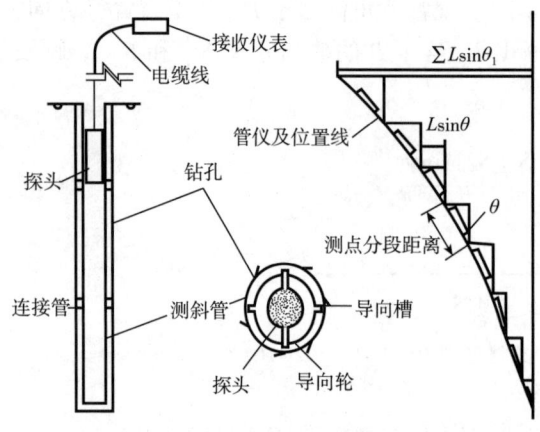

图 8-11　测斜仪工作原理

测斜仪工作原理如图 8-11 所示，在基坑围护结构桩内或其外侧土体内，预埋不浅于围护结构深度的垂直测斜管，并使之与土体或结构固结为一整体。注意：导向槽应与基坑壁正交。

观测时，将测头（探头）导入至管底（水平位移基准点），缓慢提升，沿导槽全长每隔 500mm（轮距）测读 1 次，出地面后将测头旋转 180°重测 1 次，以此作为 1 测回。初始值应测 4 测回，而后每周期宜测 2 测回。注意：各次观测位置（深度）应一致。

测斜仪基于伺服加速度等工作原理，测得导向轮及其正交平面两个方向的倾斜度，顾及深度变化，求得各测点相对于管底的水平位移值，进而可画出位移曲线图。

同步训练 8-2

同步训练 8-2
目标：理解位移观测方法。

参 考 文 献

[1] 中华人民共和国住房和城乡建设部. 工程测量标准:GB 50026—2020[S]. 北京:中国计划出版社,2020.

[2] 国家标准局. 国家基本比例尺地图图式 第1部分:1:500 1:1000 1:2000 地形图图式:GB/T 20257.1—2017[S]. 北京:中国标准出版社,2017.

[3] 中华人民共和国住房和城乡建设部. 建筑变形测量规范:JGJ 8—2016[S]. 北京:中国建筑工业出版社,2016.

[4] 中华人民共和国住房和城乡建设部. 卫星定位城市测量技术标准:CJJ/T 73—2019[S]. 北京:中国建筑工业出版社,2019.

[5] 中华人民共和国住房和城乡建设部. 工程测量通用规范:GB 55018—2021[S]. 北京:中国建筑工业出版社,2022.

[6] 宁津生,陈俊勇,李德仁,等. 测绘学概论[M]. 3版. 武汉:武汉大学出版社,2016.

[7] 翟翊,程效军,邹自力. 测绘技能竞赛指南[M]. 北京:测绘出版社,2014.

[8] 彭维吉,彭子茂. 建筑工程测量[M]. 北京:中国建材工业出版社,2012.

[9] 陈丽华. 测量学[M]. 2版. 杭州:浙江大学出版社,2018.

[10] 孔达. 工程测量[M]. 2版. 北京:高等教育出版社,2017.

[11] 李仲. 建筑工程测量[M]. 2版. 北京:高等教育出版社,2014.

[12] 合肥工业大学,重庆建筑大学,天津大学,等. 测量学[M]. 4版. 北京:中国建筑工业出版社,1995.

[13] 罗斌. 道路工程测量[M]. 北京:机械工业出版社,2015.

[14] 赵雪云,李峰. 工程测量[M]. 北京:中国电力出版社,2014.

[15] 王云江. 建筑工程测量[M]. 3版. 北京:中国建筑工业出版社,2013.